5G全接觸

萬物互聯新視界

高速率 × 低延遲 × 大容量
科技創新與數位經濟的顛覆性力量

張毅剛 著

從智慧醫療到無人駕駛，
5G 讓未來生活場景不再是科幻
創新商業模式全解析！把握 5G 商機，一本書助你搶占先機

目 錄

掘金 5G，誰將最終獲益

第 1 章
5G 未來已來，新技術，新產業，新未來

  1.1 2019 世界經濟論壇：5G 絕對是未來關鍵技術 012

  1.2 三句話講清楚 5G 是什麼 017

  1.3 不只更快，5G 將改寫生活與商業 022

  1.4 什麼是企業掘金 5G 價值的關鍵 031

  1.5 「萬物互聯」時代，你準備好了嗎？ 035

第 2 章
5G 時代，真正能賺錢的商業模式是怎樣的

  2.1 5G 時代的成功，是商業模式的成功 042

  2.2 5G 商業模式一：基於流量的商業模式 048

  2.3 5G 商業模式二：基於網路切片的商業模式 053

  2.4 5G 商業模式三：基於平臺的商業模式 058

  2.5 5G 商業模式四：基於整體解決方案的商業模式 062

第 3 章
5G 物聯網時代，新零售如何重構經營思維

3.1 「5G+ 新零售」，
　　讓消費情境更加多元化和智慧化　　　　072

3.2 情境化：5G 加持 AR 與 VR，科幻電影成真　078

3.3 5G 可以讓「高級訂製」成為大眾消費嗎？　083

3.4 什麼才是 5G 時代新零售創新的本質？　　　089

第 4 章
5G+ 工業網路，如何撬動製造業龐大產業鏈市場

4.1 全速驅動，5G 奏響工業 4.0 的序曲　　　　102

4.2 融合創新，5G 改變傳統製造業　　　　　　110

4.3 巨量連線：
　　5G 加持工業網路能提升 3 兆美元 GDP？　 120

4.4 循序漸進，提升企業生產力　　　　　　　　125

第 5 章
5G 金融盛宴開啟，金融產業如何才能分一杯羹

5.1 5G，開啟智慧金融新引擎　　　　　　　　132

5.2 5G 時代的金融服務是無邊界的　　　　　　138

5.3	5G 到來，消失的不只是 QR Code	143
5.4	5G 加持金融機構，深化智慧轉型	149

第 6 章
智慧 5G，各行各業如何借 5G 風潮轉型

6.1	智慧醫療：遠距操控手術不再是夢	156
6.2	智慧家庭：「世外桃源 2.0」離你有多遠	164
6.3	智慧教育：情境式＋互動式，讓學習更有效	170
6.4	智慧物流時代	176
6.5	智慧城市：以人為本的新型城市來了	182

第 7 章
5G 來臨，自媒體大神們該如何布局

7.1	5G 時代，人人都是自媒體	192
7.2	定義潮流：從 BLOG 到 VLOG，玩法變了	197
7.3	5G 時代自媒體營運兩大核心基礎	202
7.4	5G 時代，打造個人 IP 是關鍵	207
7.5	5G 時代如何玩轉短影片	214

第 8 章
機會 VS 機遇，如何抓住 5G 紅利賺取第一桶金

8.1　5G 有哪些創業機會，怎麼借 5G 賺錢？　　　　224

8.2　5G 時代的三大投資機會　　　　231

8.3　AI 再思考：
　　　資料標註師將成為 5G 時代最大量的雇員　　　　235

8.4　哪些產業能賺到 5G 的第一桶金　　　　240

掘金 5G，誰將最終獲益

從來沒有哪一代通訊技術像 5G 一樣受到舉世關注，每個人都在談論 5G，每家企業都在研究 5G，每個行業都在布局 5G。為什麼 5G 會受到如此關注呢？這是因為，5G 不僅僅是一項行動通訊技術，它也是影響社會經濟發展的一股重要力量。

行動通訊技術發展至今，已經歷經 5 代，在 1G 到 5G 的每一次疊代中，人與人之間的數位鴻溝被逐步縮小。

1G 解決了人與人之間的行動通訊問題，讓偏遠地區也有了通訊能力；

2G 推動人類進入了數位時代，人們可以利用簡訊傳輸文字訊息了，通訊品質也得到了顯著提高；

3G 引領人們進入資料通訊時代，手機有了打電話、傳簡訊以外的功能，開始向智慧化方向發展；

4G 時代是行動網路的時代，行動支付、行動電子商務的爆發，改變了人們的生活。人與人之間的資訊溝通能力也大幅度提高，社會和經濟都在行動網路的影響下發生了不小的變化。

掘金 5G，誰將最終獲益

　　5G 是改變世界的新力量，它的高速率、低時延、大容量和低功耗是前所未有的，這些 5G 的獨有特徵為物聯網、人工智慧、邊緣運算、大數據等技術的發展提供了基礎。如今，5G 已經不僅僅只指 5G 網路了，它是一個集中了通訊、半導體、智慧終端、新業務和新應用的完整體系。這個體系會為社會、經濟、文化帶來巨大的影響和改變。

　　長期以來，行動通訊技術提供的僅僅是基本的通訊能力，與其他產業始終保持著一段距離。但是，5G 會滲透到各行各業，與傳統產業相結合，進行融合與創新。在 5G 的賦能下，傳統產業都將向著智慧化的方向發展，智慧醫療、智慧新零售、智慧金融、智慧製造、智慧物流、智慧家居、智慧城市等產業已經開始與 5G 融合，未來還會有更多產業將在 5G 的賦能下實現跨越式發展。

　　所有的事實都在告訴我們，5G，已經到來了！

　　在 5G 全面普及的前夕，很多讀者都希望能夠全面了解 5G，以及它帶來的變化。我也因此萌發了撰寫本書的想法。縱觀市面上有關 5G 的書籍，大多都是從技術角度展開的，對非通訊領域的讀者來說稍顯枯燥了一些。

　　雖然，我多年來一直都在從事 5G 技術與應用的研究，但是我卻不準備在書中闡述過多的專業知識。我希望能呈現給讀者一本貼近生活、通俗易懂的 5G 參考指南。於是，我

決定從商用的角度來介紹 5G。

　　本書詳細介紹了 5G 時代的商業模式、行業發展趨勢、5G 對各行各業的深層影響、5G 在消費領域的應用，以及 5G 時代的新商機。創業者和企業可以在本書中找到 5G 時代的商業掘金路徑，對 5G 感興趣的普通讀者也可以透過本書對 5G 及其應用有一個全面的了解。

　　本書共分為 8 個章節，主要內容包括 5G 時代的新方向、5G 商業模式、5G 智慧新零售、5G 工業網際網路、5G 智慧金融、5G 對傳統行業的賦能、5G 時代的自媒體、5G 時代的機會和機遇。本書中列舉了大量真實案例和產業資訊，能幫助讀者深入淺出地了解 5G 及其帶來的影響。

　　本書為讀者勾勒了一張清晰的 5G 發展藍圖，透過閱讀本書，你能真正搞懂 5G，並成為 5G 時代的受益者。如果你想知道 5G 時代的最佳商業模式是什麼？5G 時代的商業機會和財富在哪裡？5G 時代的那些行業可以掘到第一桶金？就請認真閱讀本書吧！我相信，這本書中，你一定能找到自己想要的答案。

掘金5G，誰將最終獲益

第 1 章
5G 未來已來，
新技術，新產業，新未來

　　5G 的未來已經來到我們眼前，5G 的高速率、大容量、低延遲特點將加持各行各業，也將帶動各項技術和應用的發展，在社會和經濟領域展開一次深度變革。

第 1 章　5G 未來已來，新技術，新產業，新未來

1.1　2019 世界經濟論壇：5G 絕對是未來關鍵技術

在 2019 年年初的世界經濟論壇上，最受矚目的議題就屬正值發展階段的 5G 以及 AI。參與的企業 CEO 明確地表示，5G 將會是未來世界最關鍵的技術之一。誠如他所說，5G 技術的確是目前全球最具商業潛力的通訊技術，它將橫掃消費領域，引領產業革新，並成為四次工業革命的支柱，帶動全球經濟進入一個新時期，5G 的經濟影響力和社會影響力是毋庸置疑的。

5G 的商業前景令人期待，並且隨著 2019 年這個 5G 商用元年的到來，5G 商業版圖也已經變得越來越清晰了。在 5G 生態圈中，雲端運算、VR、AR、無人機、邊緣運算等技術都會同步發展，在這些新技術的基礎上，各行各業都會產生新的 5G 應用和新商業模式，屆時新技術和新業態都將超乎我們的想像。

那麼，5G 帶來的新增市場到底在哪裡呢？

1.1　2019 世界經濟論壇：5G 絕對是未來關鍵技術

1.1.1　5G 帶來的的新增市場在哪裡

美洲 5G 和 LTE 的行業貿易協會 5G Americas 曾經釋出過一份《5G 服務創新》的白皮書，這份白皮書中對 5G 時代的新增市場進行了探討，得出的結論是：擴展實境（XR）、無人機和健康醫療、固定無線接入（FWA）、雲端遊戲、智慧電網等行業將成為 5G 時代最具潛力的新市場。

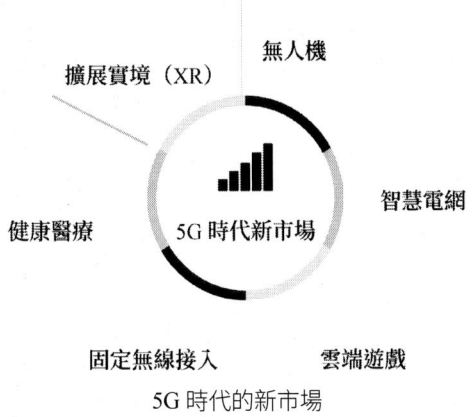

5G 時代的新市場

1. 擴展實境

擴展實境（XR）又被稱為「人類互動方式的終極形態」，未來，它將改變我們的生活和工作方式，改變許多行業的格局，而 5G 技術將為 XR 技術的發展提供新的動力。根據 SuperData Research 的預測，到 2022 年底，XR 的消費端市場規模將達到 339 億美元，行業市場的規模只會更大。

第 1 章　5G 未來已來，新技術，新產業，新未來

2. 無人機

5G 的超低延遲和人工智慧以及機器人技術的結合，將開創無人飛行器的新時代。地面上的無人駕駛也將取得突破和發展。5G 不僅能給無人飛行、無人駕駛提供技術支撐，它還能為交通管理系統提供助力，讓無人機和無人車能真正被實現。

3. 健康醫療

5G 對醫療產業的影響主要應用在遠距會診、遠距醫療和監測方面，這也是物聯網的主要應用場景之一。目前，遠距手術已有成功案例，5G 智慧醫療的前景將越來越廣闊。愛立信（Ericsson）釋出的預測表示：「到 2026 年，電信營運商在 5G 醫療領域的潛力總收入將達到 757 億美元。這包括患者應用 492 億美元，醫院應用 198 億美元，醫療保健其他領域 52 億美元，以及醫療資料管理領域 16 億美元。」

4. 固定無線接入

5G 的固定無線接入（FWA）方式可以替代昂貴的光纖固定網路，這種更低成本的接入方式為無線寬頻接入提供了多種選擇。到 2019 年年底，全球 5G 固定無線接入收入將達到 10 億美元，至 2025 年全球市場價值將超過 400 億美元（資料來源：SNS Telecom）。

1.1 2019 世界經濟論壇：5G 絕對是未來關鍵技術

5. 雲端遊戲

雲端遊戲是指將需要密集運算的圖片渲染和處理從使用者的終端轉移到網路伺服器，這將提升使用者的遊戲體驗，並為遊戲產業帶來巨大的變化。不過，雲端遊戲的進行離不開 5G 網路和邊緣伺服器的支援。因此，5G 時代到來以後，雲端遊戲必將成為現實。據 ABI Research 的調查資料，到 2024 年，將有超過 4,200 萬名活躍雲端遊戲使用者，他們將創造超過千億美元的價值。

6. 智慧電網

Reports and Data 的最新報告預測：「隨著投資的穩定成長，到 2026 年，智慧電網市場預計將達到 929.7 億美元，預測期內年複合成長率為 19.4%。」

智慧電網的發展離不開 5G 的加入，因為維持智慧電網的運作需要超大的資訊傳輸量和即時的資訊回饋，這需要 5G 的超大頻寬和超低延遲。在智慧電網的發展過程中，5G 就是強心針和催化劑，可以使智慧電網得到發展和普及。

上面提到的這些新增市場，並不能完全囊括 5G 的完整商業版圖，事實上 5G 將融入各行各業，與多個行業互相融合，在 5G 技術的助力下，各行各業的相關市場都將實現大幅度的成長。

1.1.2　5G 影響的不只是經濟

5G 影響力不僅僅局限於經濟和商業領域，它不僅能帶來新的市場和新的經濟成長，還會對我們的社會造成深刻的影響。「5G 改變世界」並不是一個誇張的說法。5G 對人類社會的影響將遠遠超過之前的所有行動通訊技術，它的影響等同於一次工業革命，將促成新的社會分工，並全面影響人類的生活。

一方面，未來的城市管理、能源、醫療、教育等關係國家發展計畫與民生的產業也將與 5G 深度融合，而 5G 也將使人類社會更科學、更高效地運行，讓生產、生活更加綠色環保，實現經濟、社會、環境的協調、永續發展。

另一方面，5G 與各行各業的深度融合，將大幅度提升生產效率，進而改變生產關係，職業和社會分工方式也將發生新的變化。比如，未來每個人都將成為斜槓青年，很多行業的工作將外包的形式展開，人們可能也不再從事固定的職業。當然，這是指我的假設，未來怎樣還未可知。不過 5G 會為我們的帶來深刻的變化，這一點是毋庸置疑的。

2019 年，是 5G 商用元年，未來已經到來。

1.2　三句話講清楚 5G 是什麼

短短幾十年間，行動網路從 2G 更新到 3G、4G，如今 5G 也已經蓄勢待發，即將走進一般消費者的生活。這樣的更新速度難免讓人感到眼花撩亂，在 2019 年這個 5G 元年裡，每個人都在談論著 5G，暢想著 5G 即將掀起的浪潮，但同時也存在著一些困惑。

近年來，「5G」這個詞頻繁見諸報端，在網路上也是熱門討論關鍵字，但我相信，依然有不少人對 5G 還是一知半解。

很多人提起 5G 時，首先想到的是「傳輸快速」。事實上，5G 的核心是「萬物互聯」，2G、3G、4G 行動網路都是連線人與人，而 5G 則是利用高速傳輸連接人與人、人與物、物與物，真正實現了萬物互聯、互通。比如，在 5G 的技術下，穿戴式裝置和醫療保健軟體可以幫助人們即時監測自己的健康狀況，高速的 5G 網路可以讓醫生遠距為病人進行有效診斷，甚至直接進行遠距治療。

那麼，這「萬物互聯、互通」的局面又是如何達成的呢？要解答這個問題，我們要先弄清楚 5G 到底是什麼？

5G 中的 G 是英文單字「generation（代）」的縮略，顧名思義，5G 就是第五代行動通訊技術，也是最新一代的行動通

第 1 章　5G 未來已來，新技術，新產業，新未來

訊技術。5G 的資料傳輸速度要遠遠高於之前 2G、3G 和 4G 蜂巢式網路，最高可達到 10Gbit/s，比 4G 要快 100 倍。

而且，5G 的網路延遲更低，甚至可以低於 1 毫秒，這也意味著更短的反應時間，要知道，4G 的網路延遲可達到 30～70 秒。5G 大幅度提升了傳輸速率、減少了延遲，因此它可以同時連接更多的終端，實現萬物互聯。

看到這裡，有些讀者對 5G 可能還是一知半解，下面我將用三句話，為大家概括 5G 的基本特性。

5G 的三大特性

高速度　　大容量　　低延遲

5G 的三大特性

1.2.1　高速率上網

5G 的上網速度比 4G 高 100 倍，最高速度可達 10Gbit/s，完全能夠滿足以滿足高畫質影音、虛擬實境等大型檔案的傳輸。當 5G 真正普及以後，我們下載一步高畫質電影可能只

需要 1 秒鐘。5G 的高速率，可以為普通消費者解決很多目前遇到的網路服務難題，比如大型手機遊戲卡頓和高畫質影片播放不順暢等等。

2019 年，首例 5G 遠距人體手術在醫療團隊與病患相距上千公里的狀態下順利完成。透過 5G 網路即時傳輸的高畫質影片，神經外科專家遠距操控手術器械，為距離遙遠的病患進行了腦部手術。這在過去幾乎是不可能實現的，但是 5G 的超高速度讓這臺手術成功了，相信，以後 5G 在醫學方面的應用會越來越廣泛。

有了 5G，只要我們身在網路訊號能夠到達的地方，就能瞬間聯通網路。有著超高上網速度的 5G 網路，幫助我們真正地實現了與世界的零距離、零時差溝通。

1.2.2　大容量連線

過去，接入行動網路的終端數量是有限制的，人們透過手機、平板等設備上網，把人連上網。但是，5G 可以讓更多的設備都連上網路，比如家裡的冰箱、冷氣、櫥櫃、烤箱、浴缸、汽車等。除了家庭之外，5G 還可以幫助我們與社區、社會建立連線，到那時，無數過去無法上網的裝置都將被賦予無線上網的功能。

第 1 章　5G 未來已來，新技術，新產業，新未來

當越來越多的裝置聯網，我們就能實現真正的萬物互聯，並達到「網路社會」的目標。所謂「網路社會」就是指 Ubiquitous Network，意思為「無所不在的網路」，任何物品都能成為智慧終端，我們在任何地點都能順暢地與任何人、任何物品通訊。我小時候看過很多科幻電影，很多電影中的主角都有一個個人裝置，這個裝置可以連通和控制所有的電子設備，幾乎無所不能。我想，那些科幻電影的場景。將會在不久的將來成為現實。

5G 特有的大容量連線也將推動一場產品革命，因為人們對智慧裝置的需求會不斷增加，而且很多智慧裝置不可能頻繁充電，所以我們需要更好的低功耗技術。假設有一天，街上的垃圾桶都變成了智慧的，它不僅可以幫助人分類垃圾，還可以即時監測城市環境衛生情況，但是，智慧垃圾桶的電力會成為新的問題，為了解決這個問題，低功耗技術就會因應而生。

5G 的大容量帶來的不僅是更多設備，還有更多的新技術、新產品。

1.2.3　低延遲傳輸

低延遲傳輸是 5G 的重要特點，前文我已經提到過，5G 的網路延遲最高不超過 1 毫秒，而人類能感受到的最低延遲是 140

毫秒,所以對我們人類來說,5G 的傳輸是完全即時同步的。

但是,一些精密儀器比人類敏銳得多,它們能感受到更細微的延遲,並且會受到延遲的影響。比如,在 4G 網路下,我們對無人駕駛汽車發出一個煞車指令,汽車從接到指令到做出反應的時間有 40 毫秒(即延遲 40 毫秒),在此期間,這輛車又開出去 2 公尺,很有可能發生危險。把網路換成 5G,情況就會大為不同,由於延遲低,無人駕駛汽車可以做到「立即停止」。

再舉個例子,現在的倒車雷達都有較高的延遲,因此司機倒車時一定要慢,否則就會出現車已經撞到了,而雷達還沒示警的情況。但是有了 5G 以後,這種情況就不會出現了,因為雷達的反應速度幾乎可以達到即時的程度。

5G 的低延遲除了帶來生活上的便利,讓自動駕駛、遠距醫療等過去只能想像的事變成現實,還可以應用在城市管理、車聯網、無人機、生產控制等領域。想像一下,當各種精密工業設備都可以做到「立即停止」時,誤差和故障會減小多少?產能又會提升多少?我想,答案是不言而喻的。

以上三點就是 5G 的最顯著特性,也是 5G 技術的三大應用方向,在不久的將來,各行各業都將擁抱 5G,利用 5G 三大特性創造出更多的效益。商業結構會因 5G 而被重構,我們的社會、文化也會因為 5G 時代的到來而發生變化,讓我們共同期待 5G 時代的全面到來!

第 1 章　5G 未來已來，新技術，新產業，新未來

1.3　不只更快，5G 將改寫生活與商業

2019 年，三星發表全球首支 5G 手機。同年，許多國家的電信商宣布即將推出 5G 服務。

5G 手機的出現和 5G 資費標準的發表，意味著 5G 應用已經走入了一般消費者之中，5G 將正式開始改寫生活和商業！

那麼，5G 的到來，將會對我們的生活帶來怎樣的改變？又會催生出多少商機呢？

1.3.1　5G 的三大應用場景

5G 的上網速度快，這是人們的共識，也是大家對 5G 最基本的印象。其實，「速度快」只是 5G 的三大應用場景之一，5G 能帶給我們的不只是快。

1. 5G 應用場景一：增強行動寬頻

5G 的第一大應用場景叫做增強行動寬頻，用通俗的話來說就是上傳快、下載快。當然，這個應用場景主要解決的問題並不是提升下載速度，而是解決即時互動問題，幫助我們進行高畫質影片的互動的傳輸。前文中提到的遠程手術，就是在這和個應用場景下達成的。

2. 5G 應用場景二：大容量、低功耗

5G 的第二大應用場景是大容量、低功耗，這個應用場景將主要作用於遙控、遙測、數據採集類應用，是達成物聯網的關鍵技術。有了大容量的機器連線，我們將可以進行對萬物的即時遙感和管理，而且能夠降低功耗，實現節能減碳，未來的智慧城市和智慧家庭都離不開這個應用場景。

3. 5G 應用場景三：高可靠，低延遲應用

5G 的第三大應用場景是高可靠，低延遲應用，這個應用場景主要針對工業控制、無人機、無人駕駛等領域。前文中我已經為大家介紹過 5G 的低延遲特點，這個特點可以保證機器操作的精準度和安全性，所以這一應用場景可以作用於工業製造和交通行業。

上述三大應用場景其實是從 5G 的三個特點中延伸出來的，它們共同建構了 5G 的應用體系。其中，「巨量物聯網通訊」和「高可靠、低延遲應用」是 5G 獨有的應用場景，是它區別於 4G 的最顯著特性，這兩大應用場景也是 5G 改變生活和商業，撬動巨大市場的兩個重要支點。

1.3.2　5G 改變生活

5G 是一個技術色彩很濃厚的概念，在普通消費心目中它有些抽象，所以大家對 5G 的應用只有一個模糊的印象，很難說清楚 5G 究竟能為我們帶來哪些改變。因此，我將化抽象為具象，從終端和空中介面這兩個維度來為大家梳理 5G 的應用，看看它究竟能為我們帶來哪些便利。

看到這裡，有人可能會問：終端和空中介面這兩個維度是怎麼來的？原因其實很簡單，我可以把 5G 行動網路簡單地概括為四個部分，它們分別是：終端、空中介面、核心網路和管理軟體（網路管理部分），由於核心網路和網路管理部分涉及到比較複雜的通訊專業知識，我就就不贅述了，著這裡，我只想和大家詳細一下探討終端和空中介面。

事實上，行動通訊技術的換代更新，主要表現在終端和空中介面這兩個部分。終端包括手機、平板、電腦、穿戴式裝置等，而空中介面是無線通訊中終端與網路設備間的接口，它可以把我們的指令和請求透過終端傳輸到網路上，也可以讓網路上的資料傳輸到終端。下面，我將從終端和空中介面兩個角度來談談 5G 在生活中的應用及其未來的可能性。

1. 終端

5G 時代的終端引人遐想，很多科幻電影上出現的設備和場景，都有可能成為現實，摺疊螢幕手機已經出現了，還有什麼是不可能的呢？我認為 5G 時代的終端會向以下三個方向發展。

(1) 感測能力增強

5G 時代的終端會有很強的感測和辨識能力，現在的手機上都有人臉辨識、指紋辨識功能，而 5G 會讓這些功能得到增強。美國麻省理工大學的一個研究團隊就研究出了一些新演算法，這些演算法可以採集高畫質人臉影像，並進行光學測試，透過辨識人臉上血管中血液的流速來測量人的心跳和脈搏，這種測量方式可以不需要任何肢體接觸，只需要高畫質影像即可。

如此精細的感測需要強大的計算能力和資料傳輸能力，只有 5G 才能為這種強大的感測能力提供支持。因此，5G 時代的終端會進化出強大的感測能力，能夠精確感測周圍的環境。

(2) VR／AR 應用

5G 時代，我們將透過終端實現裸視 3D。因為，要呈現 3D 影像至少需要 3 個高畫質通道同步來傳遞一組訊息，而

第 1 章　5G 未來已來，新技術，新產業，新未來

4G 網路的頻寬是不夠的，只有 5G 網路才能達成 3D 影像的多元度展現。因此，5G 時代來臨並結合 3D 技術後，虛擬實境（VR）和擴增實境（AR）應用將得到極大的發展，相關的終端也會應運而生。

(3) 多工系統

5G 時代來臨後，各種終端上將出現多工系統。什麼是多工系統呢？舉個簡單的例子，現在的手機由於種種客觀條件的限制，不能在接電話的同時上網，大家玩手機遊戲時最怕的也是突然有人打電話進來。但是，到了 5G 時代這個問題就能夠迎刃而解，我們的終端也會逐漸發展出多工系統，我們可以用終端同時處理多項任務。

以上三點都是未來終端的發展方向，有些功能甚至能在不就得以後很快實現，終端上的革命能為我們的生活帶來很大的便利，我們的生活方式甚至會因此而發生變化。

2. 空中介面

我在前文中提到過，5G 的核心是萬物互聯，而萬物互聯的實現離不開空中介面技術。空中介面技術提供了巨大的通道容量，能進行超高速、大容量的資料傳輸，是 5G 網路實現超高速、大容量和低延遲功能的基礎。所以，5G 的空中介面技術是實現萬物互聯的前提。

目前，人已經透過網路和終端達成了互動，5G 真正普及以後，物與物之間也會藉助網路進行互動。我們不妨想像一個場景，未來某一天，你需要在公司附近找一個停車位。於是，你將車停在公司附近，然後拿出手機找到自動停車 App，尋找最近的停車位，並啟動無人駕駛功能，當你坐在辦公桌前時，車已經自動停好了。

以上場景中的找車位、無人駕駛都可以透過 5G 技術配合來實現，當然這只是 5G 帶來的一小部分可能性。以上是 5G 對生活的改變，除此以外，它還將推動技術和商業的變革。

1.3.3　5G 推動技術和商業變革

讓我們回到前文中提到的自動停車場景，在這個場景中我提到了 5G 時代的無人駕駛。在這裡，我想繼續藉著無人駕駛這個話題來談談 5G 帶來的技術上和商業上的變革。

無人駕駛展現了 5G 應用中的一些典型技術要素，比如擴增實境技術和邊緣運算技術。

擴增實境就是我們常說的 AR，它是一種將虛擬資訊和現實世界巧妙融合的技術。在 5G 的加持下，AR 將會更強大，它可以被運用到無人駕駛中。比如結合 GPS 導航，提供

第 1 章　5G 未來已來，新技術，新產業，新未來

即時 3D 導航服務，在現實環境中呈現即時的路況資訊；提供全新的廣告形式，將虛擬廣告畫面與道路上的真實環境融合在一起，帶來具有衝擊性的體驗；在行車過程中，為乘車者提供娛樂等。很多高科技企業都在開始積極探索 AR 在汽車中的應用。

目前有公司就正在開發新技術的「全擋風玻璃顯示器」，旨在為駕車者提供擴增實境體驗，幫助無人駕駛技術發展。相信在不遠的未來，在 5G 的加入下，AR 技術將會讓無人駕駛走得更遠。

要達成無人駕駛，汽車必須在無人操控的情況下辨識各種障礙物和交通訊號，並根據道路上的障礙和訊號做出反應，這需要大量的運算，我們把這種運算能力叫做邊緣運算能力。

全擋風玻璃顯示器 (圖片來源：Futurus 官網)

1.3 不只更快，5G將改寫生活與商業

　　邊緣運算的概念源於媒體領域，根據可靠資料是這樣解釋的：

　　邊緣運算是指在靠近資料來源端的位置，運用網路、運算、儲存、應用等核心功能的開放平臺提供服務。應用程式在邊節點運行，可產生更快的網路服務回應，滿足用戶在即時處理、智慧應用、安全與隱私保護等基本需求。邊緣運算位於實體裝置和工業網路之間，或位於實體裝置的頂端。而雲端運算仍然可以存取邊緣運算的歷史資料。

　　在邊緣運算的定義中，還提到了一個概念——雲端運算，簡單來說，雲端運算就是把運算任務放到雲端，讓更強大的伺服器來幫忙處理，而雲端的伺服器是可以共享的，大家可以透過共享資源來完成自己的計算任務。這樣一來，運算效率就會大大提升。

　　可是，雲端運算雖好，但它在無人駕駛的場景下並不適用。一臺無人駕駛汽車上會配備各種複雜的感測器，這些感測器會收集各種大量資訊，如果這些資訊不能被即時處理，而是要傳到雲端運算後，再向汽車發送指令，就無法做到即時操控，有可能釀成交通事故。

　　因此，我們需要無人駕駛汽車的車載系統自己成為一個處理的終端，能夠自己處理資料、接受指令，這就是我們所說的邊緣運算能力。邊緣運算可以即時或更快地進行資料處

029

第 1 章　5G 未來已來，新技術，新產業，新未來

理和分析，讓資料處理更靠近終端和邊緣伺服器，而不是外部資料中心或者雲端，以縮短延遲時間。在 5G 時代，邊緣運算將有更多的應用場景，比如無人機、車聯網、無人駕駛等等。

透過以上的例子，相信大家已經看出，5G 是一個複合式技術，它能夠催生出很多新技術、新應用，能夠提供各式各樣新的解決方案。如此一來，商業模式注定會發生新的變化，很多企業也因此找到了新的賽道。在後面的章節中，我將一一為大家介紹 5G 帶來的新商業模式，以及它帶來的智慧醫療、智慧教育、智慧物流、智慧能源、智慧農業等。

4G 改變生活，5G 改變社會，新時代的創業者想要抓住風向、站在浪頭，就要具備敏銳的觸覺，緊跟 5G 潮流，積極發現新賽道。

1.4 什麼是企業掘金 5G 價值的關鍵

5G 不同於之前的任何一代通訊技術，它具有低延遲高可靠、低功耗大容量、增強型行動寬頻三大特性與三大應用場景，可以讓人與物、物與物之間相互連線，實現萬物互聯。關於 5G 的特性和優勢，前面我們已經說了很多，它可以改變人們的生活、改變商業模式。那麼，對於企業來說，5G 的價值又在哪裡呢？

從企業的角度來說，5G 最大的價值不在消費端，而是在於它為產業帶來的顛覆性變革。5G 不能直接產生價值，它必須要與各行各業融合。所謂融合就是將 5G 技術與各行各業結合，進行不同層次的資源和管道的協力，讓產業的潛力得到最大程度的釋放。

目前，隨著 5G 技術的逐漸成熟，各國政府和企業大廠們都在加大對 5G 領域的布局力道。根據 2019 年全球通訊協會預估，5G 將在未來 15 年內在全球創造 2.2 兆美元的產值。若結合 5G 與雲端運算、大數據、人工智慧等技術，將會帶來更可觀的間接經濟成長。

在 5G 的兆級市場中，各個大廠企業紛紛參加角逐，許多投資機構也在關注著 5G 的商業表現。那麼，在 5G 領域中究竟有什麼樣的商業機遇呢？企業掘金 5G 價值的關鍵又是什麼呢？

第 1 章　5G 未來已來，新技術，新產業，新未來

1.4.1　大廠推動下的兆市場

把 5G 與 5G 手機畫上等號是不全面的，5G 意味著全新的生產方式和生活方式。智慧醫療、智慧工業控制、無人駕駛、智慧城市、智慧家庭等多種場景都將實現。在 5G 的加入下，人工智慧、邊緣運算、物聯網、雲端運算、AR、VR 等技術都將得到長足的發展發展。

從目前的現狀看來，大廠企業們加入 5G 市場，讓新創公司很難從中分一杯羹。但我認為，大廠企業的推動可以讓 5G 市場更具活力和規模，新創企業可以從中找到很多機會。我認為，新創企業可以從兩個方向去尋找機會。

第一個方向是在毫米波（通常將頻率介於 30～300GHz 的電磁波稱毫米波）的終端裝置、射頻模組方面尋找機會。在 5G 時代下，毫米波技術的應用有很大的發展空間。但是，許多大廠企業在這方面並沒有累積很多經驗，這對新創企業來說是一個機會。

我認為這個方向的市場規模是相當大的，假如一部 5G 手機上的毫米波終端裝置的成本是 20 美元，而全世界每年智慧型手機出貨量將進 14 億支，估算下來，僅是手機上的毫米波終端裝置就有 280 億美元的市場規模。

第二個方向是邊緣運算，在前文中我們提到過在 5G 時

1.4 什麼是企業掘金 5G 價值的關鍵

代很多資料都需要即時處理，不能放在雲端處理，因此市場對邊緣運算的需求會更高，智慧城市、無人駕駛、工業物聯網都需要邊緣運算。

不過毫米波和邊緣運算的技術門檻都比較高，對新創企業的能力有一定要求。而且 5G 產業的發展是一個策略性、長期性的任務，還要融合各行各業，所以，新創企業要把目光放得長遠一些，要著眼於未來 10～15 年。我認為，在 5G 的發展週期裡，有各種不同的階段，各種類型的企業都能在 5G 產業的不同發展階段中找到機會。

總而言之，在大廠企業的推動的兆級 5G 市場中，新創公司也能夠從中找到掘金機會。而且，我認為新創公司掘金 5G 市場的關鍵在於尋找垂直市場。

1.4.2 新創公司靠垂直機會取勝

所謂垂直市場，就是細分市場，要知道，5G 市場是一個強調協同合作的生態體系，需要很多企業共同參與，沒有一家大廠企業的能夠獨領風騷。

雖然，傳統通訊大廠在規模、資金、研發能力、品牌知名度等方面具有明顯優勢，但是新創公司也可以在大廠們的供應鏈上找到生存和發展的機會，在整個 5G 網路的商用市

第 1 章　5G 未來已來，新技術，新產業，新未來

場中找到自己的位置。

在目前的 5G 市場上，有相當一部分新創公司都在大廠環繞的環境中成長了起來，有的新創公司在成立之初就得到了多方投資。不同於高通、聯發科、華為海思等以傳統手機晶片、通用晶片為主要業務的大企業，有的新創企業主要聚焦細分行業的專用晶片，滿足各種碎片化的場景，比如，智慧儀表、智慧煙霧偵測、智慧消防、智慧路燈等專用晶片。對垂直細分市場的挖掘，讓這些新創企業在競爭激烈的 5G 晶片市場上占據了一席之地。

5G 行業是一個涉及多個學科、多個行業的交叉領域，對從業人員的綜合能力要求比較高。因此，各大相關行業都對 5G 人才有較大需求。新創公司想要在 5G 市場有所收穫，就要加強人才儲備，掌握業務方向，專注細分垂直市場。

總而言之，敏銳掌握市場風向，專注垂直細分領域，是中小新創企業掘金 5G 市場的關鍵。

1.5 「萬物互聯」時代，你準備好了嗎？

二十多年前，誰也想不會想到網路會與我們的生活有如此緊密的連結，各種基於網路的產品和服務已經深入到了我們日常生活的每一環節。今天，人人都可以使用網路，人人都離不開網路，網路已經成為了和水、電一樣的生活必需品。你能想像，沒有了網路以後，我們的世界會是怎樣一番景象嗎？

經歷了從 1G 到 4G 的時代，人與網路的連線已經密不可分。到了 5G 時代，物與網路的連線也正在加速建構，「萬物互聯」的時代即將到來，你準備好了嗎？

1.5.1　什麼是物聯網

所謂「萬物互聯」就是將巨量設備連上網路，形成一個龐大的物聯網。在前面的內容中，我們對此提及的物聯網，相信大家對於物聯網已經有了一個感性的認知，說白了，物聯網就是把各種終端設備接上網路，讓它們形成一個可以互聯互通的網路。在維基百科中，物聯網的定義是這樣的：

第 1 章　5G 未來已來，新技術，新產業，新未來

「物聯網（Internet of Things，簡稱 IoT）是一種計算裝置、機械、數位機器相互關聯的系統，具備通用唯一辨識碼（UUID），並具有透過網路傳輸數據的能力，無需人與人、或是人與裝置的互動

物聯網將現實世界數位化，應用範圍十分廣泛。物聯網可拉近分散的資料，統整物與物的數位資訊。物聯網的應用領域主要包括以下方面：運輸和物流、工業製造、健康醫療、智慧型環境（家庭、辦公、工廠）、個人和社會領域等」

未來幾年，可以接入物聯網的設備將包羅萬象，大到飛機、輪船、貨櫃、生產線，小到家用電器、插座、開關、手錶、項鍊、衣服、眼鏡等。當然，要形成真正的物聯網，並不僅僅只是將各種設備連接上網路，還要將這些設備智慧化。比如，智慧手錶不只能上網，還能進行人機對話；智慧攝影機不僅能遠距操控，還具備人臉辨識系統，可以追蹤拍攝目標。目前，有一部分設備已經達成了智慧化，相信在相關技術成熟後，所有的設備都將智慧化，真正的萬物互聯、互通必將實現。

早在 1995 年，比爾蓋茲（Bill Gates）就在他的著作《擁抱未來》（The Road Ahead）中提到了物聯網的概念，但是並沒有引起太多重視。1999 年，美國麻省理工學院提出運用 RFID 結合網路架構，擴展機器聯網。2005 年，國際電信聯

盟(ITU)釋出了網路報告書,正式提出了物聯網的概念。

從物聯網的發展歷程中可以看出,它並不是一個新概念,它已經經過了幾十年的發展,但受技術水準和相關法規的制約,一直都未能引爆。而 5G 的出現,正好給了物聯網一個絕佳的發展機會,5G 具有高速率、低延遲、大容量的特點,這恰恰是物聯網發展和壯大的必備網通行證件。在 5G 的加持下,物聯網必將迎來爆發式的發展。

1.5.2 物聯網能做什麼

我們已經知道了物聯網是什麼,接下裡我們來看看物聯網究竟能做些什麼?事實上,物聯網的應用是非常廣泛的,下面我為大家列舉一些比較常見的物聯網應用。

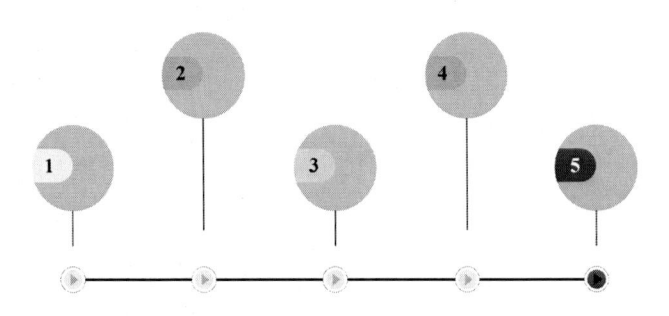

1 智慧家居　2 智慧交通　3 智慧醫療　4 智慧電腦　5 智慧工業

常見的物聯網應用

第 1 章　5G 未來已來，新技術，新產業，新未來

1. 智慧家庭

透過先進的電腦技術、物聯網技術和通訊技術，我們可以將家居生活中的各種系統（如水、電、供暖、照明等系統）有效地結合起來，並進行科學化的規劃管理，讓家居生活更更加安全、高效和舒適。

2. 智慧交通

所謂智慧交通，就是將資訊網路、智慧感測、通訊傳輸、資料處理等技術有效地結合起來，並應用到整個交通系統中，讓整個交通系統能夠更加高效地協作。

3. 智慧醫療

5G 加持下的物聯網可以進行遠距診斷和機器診斷，儘管目前的技術還不成熟，但這是未來物聯網發展的重要方向之一。因為，遠距看病可以提升效率，機器診斷可以分擔醫護人員的工作量。

4. 智慧零售

過去幾年，幾乎人人都感受到了新零售帶來的重大改變，物聯網零售終端迅速湧現並突飛猛進。但從過去來看，這種變革主要集中於價值鏈的前端，即行銷，而對價值鏈的後端，如生產、倉儲、運輸等環節的影響相對較低。

1.5 「萬物互聯」時代，你準備好了嗎？

在未來，新零售將與 5G 技術產生大量關聯，更將以高效物聯加速生產、倉儲、運輸等後端環節的變革力量，真正達到端到端數位化。在這方面，不少垂直企業已經做好衝刺 5G 的準備，他們將是一股蓄勢待發的力量，也將是行業變革的助推器。例如，智慧終端物流倉儲，針對 3C 數位新零售倉儲管理環節，利用射頻辨識系統、震動感測、定位系統、人臉辨識攝影機等物聯網技術，結合大數據、雲端運算，為 3C 數位零售業合作夥伴提供智慧、安全、高效、共享的倉儲管理服務。解決「倉儲繁、管理難、占用面積、占用資金、庫存積壓、耗費人工」等傳統倉儲管理難題。同時，充分發揮大數據的統計、協同、預測、改善作用，在 5G 東風來臨之際，助力數位零售打造「集物流、資訊流、資金流於一體」的物聯通路。

5. 智慧電網

智慧電網是一個整合感測、通訊、計算、決策與控制為一體的綜合數位整合系統，這套系統可以獲取電網中各層節點的運作狀態，並根據運作狀態進行階層式管理和科學的電力調配，以達到提升設備的利用率、安全可靠性的目的。智慧電網的應用可以實現節能減碳、提升用戶供電品質、提升可再生能源利用效率等目標。最重要的是，智慧電網能夠實現能量流、資訊流和營運流程的高度整合，可以大幅提升電力系統運作的穩定性。

6. 智慧工業

智慧工業是指，將具有環境感測能力的各類終端融入到工業生產的各個環節，大幅提升生產效率，改善產品品質，降低產品成本和資源消耗，讓傳統工業實現智慧化轉變。智慧工業的應用範圍包括生產環境監測、生產過程控制、產品全生命週期監測，製造供應鏈追蹤、促進安全生產和節能減碳。

在本書後面的章節中，我還將繼續為大家介紹 5G 技術之下的物聯網應用。總而言之，物聯網的應用將深入各行各業，它是一個極具市場潛力和商業前景的領域，值得我們的關注的期待。

1.5.3　物聯網的市場潛力

根據網路數據中心（IDC）的測算，到 2020 年全球具備物聯網特質的物品將達到 280 億件，2025 年將進一步增至 500 億件。美國思科公司（全球領先的網路解決方案供應商）預測，未來 10 年全球物聯網產業規模將超過 14 兆美元。從這些預測中我們可以看到，物聯網的市場潛力是非常巨大的。

「萬物互聯」的時代即將來臨，因物聯網而誕生的龐大市場正等著企業去開拓，物聯網帶來的美好生活也正在向我們招手，讓我們共同期待「萬物互聯」的到來吧！

第 2 章
5G 時代，
真正能賺錢的商業模式是怎樣的

　　5G 特許執照的發放，象徵著 5G 將進一步與各行各業深度融合，也預示著我們，過去的商業模式即將被改寫。面對 5G 時代的大變局，企業和營運商都要找到屬於自己的商業模式。因為，只有商業模式才是 5G 時代致勝的關鍵。

第 2 章　5G 時代，真正能賺錢的商業模式是怎樣的

2.1　5G 時代的成功，是商業模式的成功

於商業領域而言，5G 技術的的出現就如同一場地震，5G 特許執照的發放，不僅象徵著 5G 應用即將全面深入各行各業，更意味著商業模式即將被重組，舊的商業模式會被淘汰，新的商業模式會在 5G 技術的加持下應運而生，很多行業都會迎來新的變局。

面對充滿未知數的 5G 時代，企業應該怎樣運籌帷幄，抓住鉅變中的機遇呢？為了解答這個問題，我們首先要弄清楚的是，5G 商業模式的特徵。

2.1.1　5G 商業模式的特徵：多元、融合

某汽車大廠，2017 年在世界移動大會上宣布共同建構以 C-V2X 技術（Vehicle-to-Everything）為核心的下一代車聯網智慧駕駛服務。

C-V2X 技術可以實現人 —— 車 —— 路結合，它能讓車更智慧，讓路更聰明，駕駛更安全，也可以讓汽車成為下一個高級智慧行動終端。

2.1 5G 時代的成功，是商業模式的成功

汽車領域的跨界合作是 5G 的重要商業應用之一，5G 還將在農業、能源、醫療、家居、物流等行業的反應。不可否認的是，要讓 5G 在各個行業落地，僅僅依靠電信營運商是完全行不通的。企業也應該意識到，面對產業變革的大趨勢和時代發展的潮流，識時、應勢、求變，才是唯一的出路。在 5G 商用全面普及的前夜，企業最應該關注的是如何進行商業模式創新，如何順應 5G 時代的潮流，找到適合的商業模式。

那麼，5G 時代的商業模式是什麼樣的呢？我認為，融合與創新是 5G 時代商業模式的最大特徵。

眾所周知，5G 具有高速率、低延遲、大容量的特點，可以滿足消費者對 AR、VR、超高畫質影片等體驗的需求，能夠有力地推動各行各業的數位轉型，加速智慧製造、自動駕駛、智慧醫療等應用的實現，實現真正的萬物互聯。由此可見，5G 不是單獨存在的，它會深入到各行各業，讓 IT 技術為各行各業加持，在這個過程中必然會產生跨界與融合，比如 VR、AR 行業與醫療產業融合，共同發展智慧醫療；感測器與汽車融合，發展無人駕駛。

對於營運商而言，5G 時代不能再走流量模式的舊路，要注重與各行業的融合創新：對企業來說，商業模式創新和跨界求變，才是彎道超車之路。

2.1.2 如何進行 5G 商業模式創新

前文中,我一直在強調商業模式創新,那麼企業應該如何進行商業模式創新呢?眾所周知,商業模式創新是一個創造需求、滿足需求的過程,為了更加推進 5G 時代的商業模式創新,我們應該始終把客戶需求放在第一位,並把握以下六大關鍵要素。

- 堅持以客戶為中心
- 堅持應用創新
- 堅持開放合作
- 堅持重塑新型關鍵競爭力
- 堅持探索多元化的商業模式
- 堅持商業模式創新與技術創新結合

5G 商業模式創新的六大關鍵要素

1. 堅持以客戶為中心

以客戶為中心,是一切商業模式的準則,到了 5G 時代也同樣如此。有企業董事長在接受記者採訪時曾說:企業哲學應以客戶為中心,為客戶創造價值。

因此在 5G 時代我們也要以客戶為出發點和落腳點,全面提升客戶體驗。無論任何商業模式,想要取得成功,就必

須取悅客戶、成就客戶，一切以客戶為中心，為客戶創造最大價值。

2. 堅持應用創新

5G 具有先進的技術優勢，可以滲透到生產生活的各個方面，衍生出各式各樣的產品為應用創新開啟了一個巨大的想像空間，因此企業要把目光聚焦在應用創新上。5G 產品主要包括連線、終端、服務、行業應用整體解決方案等，行業應用也是 5G 發展的重要市場，企業可以結合行業特點來發展新應用。

3. 堅持開放合作

5G 時代，當企業面向客戶推出各種產品和服務時，一定少不了產業鏈上下游企業的配合，因為，未來只有很少的企業可以完全獨立地開發一款產品和服務，大多數企業都要和產業鏈中的其他企業合作。所以，企業要加與強產業鏈合作夥伴、客戶、電信營運商和政府部門的廣泛合作，這也是 5G 商業模式創新的關鍵核心之一。

在實踐中，企業要保持開放的姿態，積極與合作夥伴開展多種形式的合作，進行跨界經營，只有這樣才能實現多方雙贏。

4. 堅持重塑新型核心競爭力

面對新趨勢，很多企業或行業的傳統優勢和經驗已失去了競爭力。企業必須重塑自己的核心競爭力，提升自己的創新應用能力和跨界資源整合能力，加強自己在垂直產業內的營運能力，避免在 5G 時代淪為單純地服務提供者。

5. 堅持探索多元化的商業模式

發展 5G 得最終目的獲取社會效益和經濟效益，為了達到這個目的。企業和營運商都要積極探索多元化的商業模式，以獲得更加多源的營收。5G 的高速率、大容量連線和低延遲特點，也為 5G 時代的多元化商業模式創造了條件。

5G 時代的主要商業模式有四種，分別是基於流量的商業模式、基於平臺的商業模式、基於網路切片的收費模式、基於整體解決方案的商業模式。在本章的後面幾節中，我將詳細為大家介紹這四種商業模式。

6. 堅持商業模式創新與技術創新結合

iPhone 之所以在商業上獲得了巨大成功，不僅僅因為它運用了新技術，而是蘋果公司把新技術與優秀的商業模式相互結合。比起技術上的創新，蘋果在商業模式上的創新更令人矚目，它開創了「硬體 + 軟體 + 服務」整合式的商業模式，

2.1 5G 時代的成功，是商業模式的成功

掀起了智慧型手機領域的革命。

從蘋果公司的例子中，我們可以看到，在 5G 時代要取得成功，不僅需要技術創新，更需要商業模式的創新。只有做到商業模式創新與技術創新雙軌並進，企業才能在 5G 時代取得成功。

4G 改變生活，5G 改變社會，只有抓住 5G 時代的發展機遇，在商業模式上創新，才能贏得市場和客戶。企業要始終記得，5G 商業模式創新的核心就是客戶，只有堅持為客戶創造價值、打造多方雙贏的生態圈，才能在市場上立於不敗之地。與此同時，企業還要在營運管理、團隊建設、企業文化等方面進行革新，為 5G 發展創造良好的內部環境。

2.2　5G 商業模式一：基於流量的商業模式

基於流量的商業模式，是四大 5G 商業模式之一，它是指透過數據流量消費獲得營收的一種商業模式。

思科在 2019 年 3 月釋出的一份報告中指出，預計到 2022 年，單個設備的平均流量將成長到 11GB/月，其中 5G 連線將占 3.4% 的比例。

其實，我認為思科的預測略顯保守。5G 的超大頻寬（以 G 為單位），將使單個設備的流量消費呈直線上升，我預計，在未來三年內 5G 使用者綜合設備累計平均流量將突破每月 100G。

從上述預測中，我們可以看到 5G 流量消費市場擁有龐大的成長空間。因此我們有理由相信，基於數據流量的商業模式一定可以在 5G 時代獲得成功。

2.2.1　3G ～ 4G：流量商業模式的崩塌

事實上，基於數據流量的商業模式曾經經歷過快速的崩塌，這次的崩塌發生在 3G 時代，具體表現是「電信產業量流

2.2 5G商業模式一:基於流量的商業模式

量與營收的差距而不可逆的擴大。」我認為,我們有必要分析一下這次商業模式的崩塌,並以此為鑑,為5G時代的數據流量業務做好準備。

3G時代,基於數據流量的商業模式之所以迅速崩塌,原因不外乎以下三點。

1. 無法跳脫語音業務的思維模式

儘管在3G末期。各大電信業者都提出了流量經營的概念,並將之提升到了經營策略層級。但是由於對流量這個新型計費方式認知不足,無法跳出語音業務的制式思考方式,營運商們還是選擇了基於使用量的計費方式。這種計費方式讓很多人對流量望而卻步,營運商的營收反而受到了影響。

2. 同質化引發的價格競爭

同質化的流量策略引發了激烈的價格競爭,營運商們也開始打價格戰。由於業務和服務方面缺乏創新,營運商們不得不依靠價格戰來搶奪使用者。

在電信業者的認知中,每一次行動通訊技術的更新,都是一次改變市場地位的機遇。因此,他們都採取了激進的市場策略,往往到了最後,價格戰就成了唯一選項。打價格戰的結果只能是兩敗俱傷,無論哪一家都沒能成為這場「戰爭」的勝利者。

3. 來自大眾的降價壓力

過去幾十年來，電信業者們尚無遭遇大規模虧損和成長停滯，這就讓外界形成了一種印象：電信產業是永遠盈利的，只漲不跌。因此，電信業者成為了人們眼中享受基礎建設進步紅利的代表，一再地被呼籲「降價」。

2.2.2　5G：流量商業模式的重建

到了 5G 時代。基於流量的商業模式將得到重建。流量商業模式的重建可以分為以下兩個階段。

1. 5G 早期：延續 4G 時代的流量商業模式

5G 早期，流將延續 4G 時代的流量商模式，即基於使用量的基本計費模式。在這種模式下，會發生兩件事。

第一件事是電信營運商為了讓 5G 用戶迅速增加，於是進行大規模的消費者優惠以降低使用 5G 網路的門檻，比如辦方案送手機、分期付款買手機等。不過，同樣的故事在 3G 和 4G 時代已經發生過了。

第二件事是電信業者之間的宣傳競爭，即相互大肆爭奪影片內容資源，包括短影音、娛樂影片、體育影片、產業影片等。

2.2 5G 商業模式一：基於流量的商業模式

　　以上兩件事都將導致市場的混亂，如果電信業者能保持耐心和克制，不要急著「做大」5G 這塊餅，或許可以避免終消費者優惠大戰和宣傳競爭。不過，做到冷靜和克制需要營運商具有差異化的策略定位，以及對市場地位變化的容忍。為了流量商業模式的健康發展，電信業者還要把營運重點從用戶成長轉移到用戶價值挖掘上。

　　然而，很多事情都是知易行難，電信業者們已已經習慣了傳統定價邏輯，用戶和主管機關也形成了固定的思維模式，短時間內，新的流量計費方式還無法出現。目前很少有人對流量計費模式進行深入研究，也很少看到有相關的學術論文發表，產業內也很少召開相關的研討會。這說明電信業者們與學術界的關係並不緊密，可是在面對重大發展瓶頸時，電信業者應該回歸理論，從理論層面找到突破的可能性。

2. 5G 後期，流量商業模式的變化和創新

　　到了 5G 後期，基於流量的商業模式將發生變化和創新。5G 具有低延遲的特點，因此用能夠看到即時直播、獲得即時資料傳輸服務。基於這個事實，電信業者可以把流量分為即時流量和非即時流量，並分開計費。比如即時流量的定價應該參照內容時間的價值來定價，而不該按使用量來定價。

第 2 章　5G 時代，真正能賺錢的商業模式是怎樣的

這種分開計費的模式 5G 時代才能實現，為什麼這麼說呢？因為，只有 5G 網路才能滿足體育賽事的即時流量傳輸的需求。類似產業還有交通監測、倉儲監測等行業領域。

我們還可以從可用性的角度出發來為 5G 流量計費。比如，我們可以把 5G 流量分為可靠流量和不可靠流量，流量的價格可以參照資料傳輸採集系統的建設和維護成本來制定。

那麼，用戶既要求流量有即時性，又要求流量可用性高的時候，電信業者應該怎樣計費呢？我認為，在這種場景下，可以按照流量的安全可靠登記來為流量計費。當然，基於使用量的流量計費方法還會繼續存在，但只適合於小流量、非即時的業務場合。

5G 是作為一種通訊技術，是一種加分手段，它會與與各行各業融合，如果電信業者還堅持按照使用量來計費的話，最終的結果將是雙輸。電信業者應該在適當的時機，對 5G 流量的計費方式進行改革，以達到與用戶雙贏的目的。

2.3　5G 商業模式二：基於網路切片的商業模式

幾年前，我和一個企業家吃飯，期間有個電信客服打了個電話給這位企業家，非常熱情地向這位企業家推銷他們的新方案。客服告訴這位企業家，他之前每個月的資費都偏高，如果使用一個為經常出國的人士訂製的方案，每個月可以省下不少錢。。

按照我們一般人的想法，這位客服推薦的方案是很合理的。但這位企業家卻說：「這個電信業者腦子有問題。」因為他根本不在乎那一點費用，他想要的是差異化的通訊產品和服務。什麼是差異化的通訊產品呢？打個比方，大家在飛機上都不能打電話，但我能打，這就是差異化的通訊產品。

5G 時代到來以後，電信業者面對的客戶不僅有個人客戶，還有產業客戶和企業客戶，由於行業不同，行業客戶對通訊服務的訴求也就不同。5G 時代，差異化通訊產品的需求會越來越大，而且只有差異化的產品和服務，才能擁有更高的收益。

那麼，電信業者有能力為客戶能提供差異化的通訊產品嗎？

第 2 章　5G 時代，真正能賺錢的商業模式是怎樣的

答案當然是肯定的，電信業者只需要利用一個小小的「魔術棒」就能為客戶提供差異化的通訊產品，這個「魔術棒」叫做網路切片技術。

基於網路切片的商業模式，是 5G 時代的另一個重要商業模式，在分析這個商業模式之前，我們首先要知道什麼是網路切片。

2.3.1 什麼是網路切片

網路切片就是電信業者在統一的基礎設施上分割出多個虛擬的端到端網路，並每個網路切片從無線接入網承載網再到核心網路上進行邏輯隔離，以配合各種類型的應用。

如果你還不明白，我再打一個簡單的比方，假如你要客製一輛汽車，而汽車展售中心將汽車分成了不同的模組，於是你就可以將不同的模組進行組合，得到一輛心儀的汽車。網路切片就好比那些汽車的模組，可以滿足客戶對網路客製化的需求，做到快速靈活，依照需求進行調整。

為了更具體地理解網路切片及其功能，我們可以把 5G 網路想像成一個三層蛋糕，蛋糕的每一層依次往上叫做存取雲、傳輸雲和控制雲。

2.3 5G 商業模式二：基於網路切片的商業模式

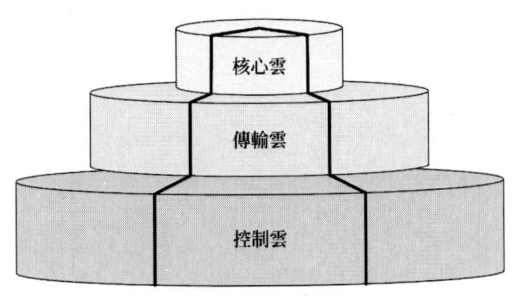

網路切片示意圖

存取雲允許使用者在多種應用場合和業務需求下存取，提供邊緣運算能力，這也就是離我們身邊最近的那朵雲。傳輸雲主要負責上傳下達；控制雲負責全域性的策略控制，相當於就像一個人的大腦。

把這個三層蛋糕縱向切開，就是網路切片。電信業者可以按客戶要求把「蛋糕」切成大小不同的小塊，但是無論多小，這些「蛋糕塊」都完整包含了三層的功能，即存取，傳輸和控制。也就是說，每一個網路切片像是從 5G 網路母體中生出的孩子，具備 5G 網路的所有基因和功能。

有了網路切片，電信業者就能夠在一個通用的實體平臺上建構多個專用的、虛擬化的、相互隔離的邏輯子網路，來滿足不同客戶對網路的不同需求。這就好比我們為不同的車輛配備了不同的專用車道，有柏油路，有一般道路，也有賽車跑道，大家各自井然有序地在自己的跑道上奔馳，既滿足了不同車輛的需求，也相互隔離，保證了安全性。

第 2 章　5G 時代，真正能賺錢的商業模式是怎樣的

2.3.2 網路切片的商業應用

了解了網路切片是什麼以後，我們再來看看它將怎樣應用到商業領域的，網路切片即可以應用於普通消費情境，也可以面相行業客戶。

比如，雲端虛擬場景多人協同和共享，是 AR 界大廠的重要研發方向，是未來最重要的 AR 應用場景。而這個應用場景必須有網路切片的支援，因為虛擬場景多人協同要求場景即時下載，互動資訊即時同步給其他用戶，所以這個應用場景不僅要求 5G 網路提供更大頻寬和更低延遲，還必須提供網路切片服務。

再比如，某地發生了地震，人進入災區很危險，那麼我們就可以遠距遙控車輛進入災區。而遠距遙控車輛，就需要將車輛採集的多路高畫質影片，即時傳送到遠距駕駛控制臺。我們預計高畫質影片的上傳速度預計超過每秒 50MB，而控制臺對於車輛的控制訊號需要超低延遲傳送，要在 10 毫秒內傳遞到幾十公里以外的車輛上，從而達到與駕駛在車內駕駛同樣的效果。

綜上所述，遠距遙控駕駛場景對通訊網路的關鍵網路切片需求就是最高上傳頻寬大於每秒 50MB，最低延遲小於十毫秒，高可靠性大於 99.999%。

2.3 5G 商業模式二：基於網路切片的商業模式

　　類似的例子我還可以舉出很多，網路切片可以應用於多個場景，它的市場前景非常廣闊。5G 網路切片是電信業者的一個進入產業市場的機會和切入點，良好的網路部署和合理的商業運作，將為電信業者帶來眾多垂直領域的新業務和新的營收來源，讓 5G 走出網路業務融合關鍵的一步。

2.4　5G 商業模式三：基於平臺的商業模式

有學者為基於平臺的商業模式下了一個清晰的定義：「平臺模式是一種透過建構多方共享的商業生態系統並且產生網路效應以實現多主體雙贏的一種策略選擇。」

從這個定義中，我們可以看出基於平臺的商業模式是多方共同參與的，但在多方主體中，平臺提供方占主導地位。不過這種主導是營運的主導，而不是商業利益分配的主導。

此外，基於平臺的商業模式有一個關鍵任務，那就是建構和放大網路效應。基於平臺的商業模式能否成功，取決於網路效應能否形成並穩固。

從定義中，我們還可以得知，基於平臺的商業模式的目標是形成商業生態系統。為了達成這一目標，平臺基於平臺的商業模式還需要以下幾個基本要素。

基於平臺的商業模式的基本要素

平臺商業模式的基本要素	描述
連接	5G 時代，各行各業對網路連接的需求都很高，只有電信業者才具備提供網路連接的能力，因此電信業者勢必會加深和拓寬與其他產業的跨產業合作。

2.4　5G 商業模式三：基於平臺的商業模式

平臺商業模式的基本要素	描述
資料	資料是平臺上不可或缺的寶貴資源，透過電信業者獲得的資料具有詮釋資料（描述資料的資訊）的特徵。
關係	對人與人、人與物、物與物之間關係的掌控能力，是建構多邊平臺網路效應的關鍵競爭力。
資本	在 5G 時代的平臺必須具備金融屬性。
工具	平臺中應具備各種可以創造價值的工具。

到了 5G 時代，平臺變得非常重要，基於平臺的商業模式也擁有無限潛力。

2.4.1　5G 時代，平臺商業模式至關重要

進入 5G 時代，基於平臺的商業模式變得至關重要，這是為什麼呢？原因並不複雜，主要有以下五點。

第一點原因，5G 具有高速率、低延遲、大容量的特徵，並且它已經不再以滿足人與人之間溝通需求為主要目標，未來，5G 面對的是各行各業。因此，我們需要一個平臺協調業務、整合資源。

第二個原因是，5G 將作為一種生產力要素與各個產業融合，各個行業都會利用 5G 重構自己價值鏈、提升自己的生產力。

第三個原因是，傳統行業缺乏擁抱數位化的能力。

第四個原因是，電信業者自身沒有足夠的產業知識，因此需要以平臺提供者的角色來切入。

第五個原因是，電信業者擁有數位化產業的整合優勢，電信業者的平臺在市場上具有獨特的競爭優勢。

基於以上五個原因，平臺模式是非常適合電信業者的商業模式。在這種商業模式中，電信業者不僅具有天然的優勢，而且能夠完美地與各行各業融合。

2.4.2　客戶整合式平臺是平臺商業模式的關鍵

客戶整合式平臺是平臺商業模式的關鍵，以前的電信業者都處於客戶割據營運的狀態，每個地方的產品和服務都具有強烈的地區特色。在行動網路流量經營的時代，這種客戶割據營運的狀態為營運商的發展帶來了很大的阻力，也因此而被網路服務業者搶走了不少市場。進入 5G 時代後，電信業者應該認真反思自己，做好客戶的整合式營運，並意識到客戶整合式營運才是最關鍵的、最根本的、最有競爭力的優勢。

任何平臺在啟動之初，參與者們都會考慮，平臺上的其他玩家能否為自己帶來足夠的多的用戶，並形成網路效應。

2.4 5G 商業模式三:基於平臺的商業模式

但是,在營運商的平臺上就不需要擔心這個問題。因為營運商擁有龐大的客戶群體,這個客戶群體數量驚人,而且可以直接觸及。這對平臺上的周邊業者來說,是無法放棄的誘惑。

電信業者一定要意識到,客戶整合式營運是平臺商業模式必須的。事實上,電信業者應該和產業客戶互為客戶,是建構 5G 時代基於平臺的商業模式的關鍵所在。電信業者要意識到,5G 網路作為一個通用技術,最大價值已經不再是連線的能力,而是它帶來的客戶資源。

以上是我對於 5G 時代基於平臺的商業模式的分析,我希望企業和電信業者能夠對平臺有正確的認知,以平臺為基礎,獲得商業上的盈利。

2.5 5G商業模式四：基於整體解決方案的商業模式

為了讓大家更容易理解基於整體解決方案的商業模式，讓我們先來看一個案例。

美國羅賓遜物流公司（C.H. Robinson）建立於1905年，已有100多年的歷史，它也是北美最大的第三方物流公司之一。羅賓遜物流的主要業務是為客戶提供各種運輸服務，自己完整的後勤運輸解決方案。

羅賓遜物流擁有全美最大的卡車運輸網路。但是，它卻沒有全美最多的卡車，因為它是「無車承運業者」。也就是說，羅賓遜物流類似於一個物流配送媒合平臺。

可能有人會問，為什麼物流公司沒有車？如果你能理解為什麼計程車公司優步（Uber）沒有汽車和司機，為什麼商旅住宿平臺Airbnb沒有飯店和房產。那麼，你就一定能理解羅賓遜物流為什麼沒有車。

羅賓遜物流的運作模式與優步和Airbnb類似，都是依靠資訊排程來進行營運的共享經濟。只不過優步和Airbnb是進行生活資訊的共享，而羅賓遜物流也是進行運力和運能的共享。

2.5　5G商業模式四：基於整體解決方案的商業模式

羅賓遜物流的這種可以實現到114億美元的營收規模，遠遠超過聯邦快遞（FedEx）和UPS等擁有超過萬輛卡車的物流大廠。羅賓遜物流的成功離不開它的貨物網路資訊系統平臺。

這個平臺一邊用來媒合運輸商，另一邊是用來媒合客戶，平臺的具體的操作方式是這樣的：

如果客戶有運輸需求，羅賓遜物流就會向客戶提供免費的平臺工具，客戶註冊帳號並填寫貨運目的地，日期等完整的資訊。然後，系統平臺會根據客戶的時間和價格要求幫他們搭配對適合的物流方案，最後給出幾種完整的解決方案，顯示在平臺上，以供客戶選擇。

我們可以看到，羅賓遜的商業模式除了共享經濟模式以外，還有基於整體解決方案的商業模式，它為客戶提供完整的運輸方案，客戶不需要自己操心，就能以效率最高、成本最低的方式完成運輸任務。

2.5.1　什麼是基於整體解決方案的的商業模式

看了以上例子，相信大家對於基於整體解決方案的商業模式已經有了直觀的理解。上述案例中的解決方案只是針對個體客戶的，還有一些解決方案是針對企業和和產業的。比

如,電信業者可以利用 5G 的優勢,為工業企業提供一整套解決方案,幫助工業企業提升生產效率,最佳化資源配置,整體解決方案,之後可以按年收費。相比前述三種商業模式,基於整體解決方案的商業模式擁有較高的附加價值。

要為客戶提供整體解決方案,就要熟悉客戶的情況。如果面對的是產業客戶,還要充分了解該行業。充分了解客戶後,才能設計出與客戶相契合的商業模式。

2.5.2 整體解決方案的三大優勢

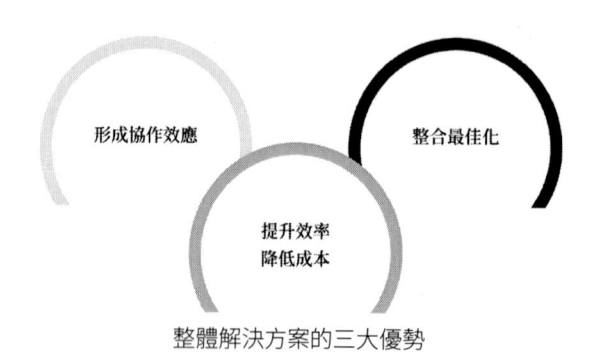

整體解決方案的三大優勢(形成協作效應、整合最佳化、提升效率降低成本)

1. 形成協作效應

那麼這種聯網運作還可能讓我們透過即時監視所有設備的運作狀況,使相關設備之間能夠相互協作,透過多設備間的協作效應,進一步提升工作效率。

2.5 5G商業模式四：基於整體解決方案的商業模式

有了5G技術，我們可以為企業設計一個整體的智慧化系統，我們可以在單設備智慧化的基礎上，依靠5G通訊網路、工業無線電，近場通訊NFC等技術，讓越來越多的設備相互連接，從而達到網路化的協同工作能力。

企業中的生產設備有了協作能力以後，系統可以非常方便地監測全域的運作狀況。如果出現故障，系統就能迅速找到故障位置，這樣一來，排除故障的時間就大大縮短了，維修成本也會隨之降低。

2. 提升效率、降低成本

通用汽車(GM)在2013年提出工業網路概念之後，已經陸續推出幾十種的行動網路企業級解決方案。這些方案涵蓋了石油、天然氣平臺，鐵路運輸，醫院管理，風力發電機組，電力輸出，配電系統、雲端醫療等領域。使用了整體解決方案後，這些產業或機構都不同程度地提升了管理效率，降低了營運成本。

比如，美國貝勒聖盧克醫療中心就使用了通用公司提供的整體解決方案。將病人的資料、機器診療所需要的醫療設備進行進行分析，實現醫療資源的最佳化配置。運用這套解決方案後，聖盧克醫療中心病人平均就診時間縮短了將近一個小時。

3. 整合最佳化

本節開頭提到的羅賓遜物流模式的主要特點就是運能和運力的整合與最佳化。比如，某個客戶有一批貨物需要運輸，他可以把相關的貨量、路線和時間等資訊釋出在羅賓遜物流的貨運平臺上，平臺會透過一系列演算法找到貨主與承運商的最佳配合方案。這種配合方案不僅方便了貨主，也很好地降低了運輸車輛空車率，為中小貨運企業降低了成本。

目前，羅賓遜物流已經把企業貨運平臺進一步拓展到了航空，水運，鐵路和公路等領域，並對客戶的服務進行延伸，包括運輸整合、進出口報關清關等等。這是一個非常典型的基於整體解決方案的商業模式，也是 5G 時代的最佳商業模式之一。

【焦點問答】

5G 技術下企業創新和盈利的基本法則是什麼？

在 5G 時代，企業創新和盈利的基本法則有 5 條。我希望這 5 條法則能夠使大家充分了解未來 5G 的平臺架構是什麼樣的。

那麼，5G 時代企業創新和盈利的 5 條基本法則是什麼呢？

2.5 5G商業模式四：基於整體解決方案的商業模式

法則一：掌握資訊霸權
法則二：分別在需求端或供給端構築市場力
法則三：形成規模經濟
法則四：形成範疇經濟
法則五：採取 OTT 模式

5G 時代企業創新和盈利的 5 條基本法則

法則一：掌握資料霸權。

資料是企業的寶貴資源，透過資料分析，企業可以達到對客戶的精細化營運。

法則二：分別在需求端或者供給端構築市場力。

這條法則的意思是企業可以在雙邊市場或多邊市場的某一邊放水免費，然後從另外一邊獲得利益。不過這種做法有一個很大的弊端，那就是容易造成「大樹底下寸草不生」的結果。

比如，歐盟法院在 2018 年的夏天罰了 Google 40 多億歐元，罰款的依據是「Google 五個利用行業的支配性地位，控制了所有的需求」。這就導致了一個情況，Google 控制需求端（需要購買應用的消費者）以後，使得供給端的提供者，特

067

第 2 章　5G 時代，真正能賺錢的商業模式是怎樣的

別是小企業不得不把自己的應用程式放到 Google 的平臺上販售，這種模式很容易滋生壟斷。因此，這條法則不一定適合所有企業，同時也需要一些規則來制約。

法則三：形成規模經濟。

所謂規模經濟就是我們常說的「大者恆大，贏者通吃」的經濟學模型。該怎麼理解呢？

舉個例子，比如有一家汽車製造商，想要生產汽車。然而，一輛車都還沒生產，這家企業就開始購地蓋廠房，引進設備。前期就砸進了一大筆錢，這筆錢叫做固定投資，會攤平在每輛車的身上。但是，這家企業每生產一輛車，都會有後續的投入，我們將後續的投入稱作變動成本。汽車的產量越大，汽車的成本也會持續增加。

相反地是，有一家軟體公司，開發了一個軟體，前期開發成本是固定的，在後期也是不變的。因為，這家公司想多賣 100 個軟體時，只需要複製原本的軟體即可，這幾乎不需要成本。因此，軟體賣得越好，成本就越低，因為後來所有的客戶都在幫忙分攤成本。當成本不斷被攤薄，而售價不變的情況下，企業的盈利會持續成長，這就是所謂的「大者恆大、贏者恆贏。」

很多網路公司都採取這種運作模式，前期不惜一切代價

2.5 5G商業模式四：基於整體解決方案的商業模式

燒錢，拚命地把自己規模做大，占據市場領導地位。當這家企業同類型競爭對手出現時，幾乎就不可能對它產生任何的挑戰。

法則四：形成範疇經濟。

所謂的範疇經濟概念源自於生產製造業。比如，某工廠有一個滑鼠生產線和一個雷射筆的生產線。兩個生產線各有各的成本。有一天，工廠把生產線合併了，把兩個產品整合在一個平臺上生產，並發現整合生產比分開生產的成本要降低。這就是範疇經濟。

這種概念在網路領域上用的比較多，在過去的傳統產業中，我們會說某企業是運輸業的老大。但是今天網路企業，特別是平臺型企業經常是跨產業的。比如網路服務業者同時經營電影院，或是涉足醫療產業等等，這種跨行業的應用也屬於是範疇經濟。

今天，網路平臺的範疇經濟模式給我們這樣一個啟發，這是一個平臺經濟的時代，那麼如果你想在5G的時代創新創業，請記住，要麼試著做一個平臺，要麼你學會利用別人的平臺。

法則五：採取OTT模式。

這種模式就是把企業應該承擔的成本剝離出去，可以達

069

第 2 章　5G 時代，真正能賺錢的商業模式是怎樣的

到降低企業投入的目的。而且，如果企業的收入不變，投入減少，那麼在無形中企業的收入是增加的。所以 OTT 的模式是非常聰明的。

　　網路技術的發展為商業帶來創新和發展，5G 時代企業，企業應該找到屬於自己的營利方法。

第 3 章
5G 物聯網時代，
新零售如何重構經營思維

　　新零售的核心是「線上線下整合」，它打破了電子商務和實體零售之間的界線，為消費者提供了新的消費情境。5G 時代到來以後，新零售產業的經營思維還將被進一步重構，AR、VR 等新技術將被應用於消費情境中，「5G+C2B」的新趨勢將使規模化客製成為現實。5G 時代的新零售精彩無限、廣闊無邊！

第 3 章　5G 物聯網時代，新零售如何重構經營思維

3.1 「5G+ 新零售」，讓消費情境更加多元化和智慧化

　　5G 改變生活，也許，目前我們還沒有太明確的感受，但未來 5 ～ 10 年內，5G 會逐漸深入到我們的每個生活情境中，這其中當然包括購物。未來的購物情境也許是這樣的：

　　人們坐在舒適的沙發上，頭戴 VR（虛擬實境技術）設備，足不出戶就能在紐約、東京、巴黎、倫敦、柏林等國際大都市盡情購物，這些城市中最大、最著名的商圈都可以透過 VR 技術被「搬」到人們的眼前。

　　線上購物的模式也將被完全顛覆，線上商品不僅「看得見」，而且「摸得著」，甚至還能「試穿」。線上線下的界線將完全被打破，購物的情境也將無限擴大。我們可以在任何時間、任何地點享受購物的樂趣。

　　線下零售也將完全智慧化，無人超市、智慧商場將遍地開花，在 5G 和大數據的加持下，「貨物」們也變得聰明起來。比如，當某款產品庫存降低時，智慧貨架可以自動通知配送中心及時補貨；當後臺資料中心發現，洋芋片和可樂的銷量關聯性很大時，會自動將這兩種產品陳列在一起，後臺倉儲也會自動調整配貨比例。

3.1 「5G+新零售」，讓消費情境更加多元化和智慧化

雖然，這寫情境還沒能完全被實現，但是新零售行業一直在不斷拓展消費情境、增加購物的便捷性和趣味性。而 5G 技術的加持，讓新零售情境進一步智慧化和多元化。

對新零售行業來說，5G 為整個銷售流程增添了無數新的機遇和可能性；對消費者來說，5G 帶來的消費情境多元化和智慧化，意味著到份恰到好處、心有靈犀的便利 —— 想買的永遠不缺貨，想要的恰好在眼前。

3.1.1　5G 來臨之際，再說新零售

自從新零售的概念出現以後，它就從未離開過人們的視野，而且一直在不斷地發展。未來，隨著技術的疊代更新，新零售的適用場景會越來越多元化和智慧化。因此，雖然新零售似乎已經成了老生常談，但是在 5G 全面普及的前夜，我們仍然還要再說新零售。

新零售是一個與傳統零售相對的概念，它的主要功能是為消費者打造一個線上線下互通的消費情境，讓消費者在享受購物樂趣的同時，也能體會到購物的情境和環境，將購物體驗提升到新的層次。

舉個簡單的例子，在傳統零售的情境下，小李想買新鮮的螃蟹，就得趁早趕到菜市場或賣場，才能搶到比較優質的

第 3 章　5G 物聯網時代，新零售如何重構經營思維

螃蟹。但是，有了新零售，情況就不一樣了，小李可以透過購物 App 或網站直接線上訂貨，當地的生鮮超市接到訂單後，會第一時間配貨，並在一個小時內為小李送貨上門。

新零售出現以後，像小李一樣的消費者們可以隨時隨地地購物，而商家也會為消費者提供更加便捷的服務（線上下單、一小時送達等）。Uniqlo 採取的就是這樣一種模式。

過去幾年，電商的快速發展，為傳統零售業帶來了陣陣寒流。服裝產業更是處在寒流的中心，我們所熟知的快時尚品牌，比如 ZARA、H&M 等曾經一度陷入銷售困境，不得不透過削減海外市場、關閉門市、裁員等來斷腕保命。

但是在整體市場環境每況愈下的大環境下，Uniqlo 的銷售銷量卻能保持穩中有升的水準。原來，Uniqlo 也採取了線上線下結合的策略，推出了「ORDER & PICK 網路旗艦店」，使用者購物足不出戶即可下單購買服裝。而且，使用者下單後可以選擇到門市自取，也可以選擇快遞送貨，十分方便快捷。在我看來這就是典型的新零售模式。

新零售打破了傳統零售業的邊界，讓實體店鋪與電商相互融合，具體來說，新零售為傳統零售行業帶來了以下五大變化：

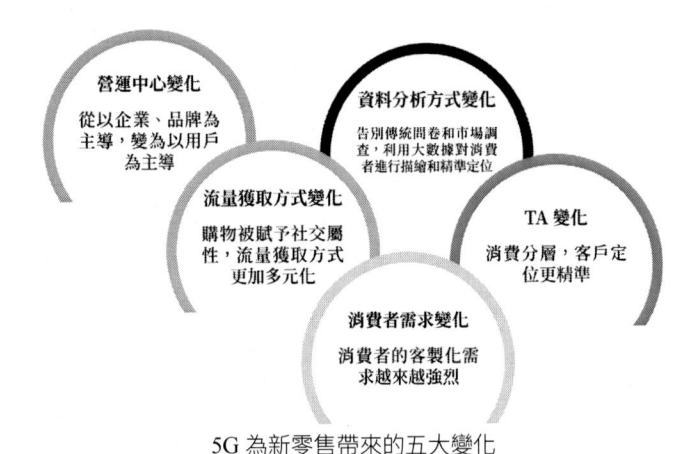

3.1 「5G + 新零售」，讓消費情境更加多元化和智慧化

營運中心變化
從以企業、品牌為主導，變為以用戶為主導

資料分析方式變化
告別傳統問卷和市場調查，利用大數據對消費者進行描繪和精準定位

流量獲取方式變化
購物被賦予社交屬性，流量獲取方式更加多元

TA 變化
消費分層，客戶定位更精準

消費者需求變化
消費者的客製化需求越來越強烈

5G 為新零售帶來的五大變化

在 5G 時代，零售相關的軟體應用會變得更加成熟便捷，而硬體設施也會不斷完善，所以，上述的 5 種變化會更加深入和徹底，消費情境也會進一步擴展和更新。

3.1.2　5G+ 新零售 = 消費情境更新

1. 消費情境 —— 更多元

5G 可以讓物聯網技術得到更廣泛、更深入地應用，新零售行業也可以藉助物聯網重構人、場、貨之間的關係，將線上購物情境和線下購物情境相融合，為消費者提供更多新奇的體驗，構造出萬花筒般的多元化消費情境。未來的電商零

售將不再是簡單的購買商品,實體零售也將不再是商品的陳列場所,零售將變成與內容和體驗相結合的新型消費模式。

2. 服務場景 —— 更有趣

5G 時代的新零售將會更加有趣,零售企業要做的不僅僅是販賣商品,而是要將服務情境更新,為消費者帶來更有趣、更便利的服務。目前已經出現了夾娃娃機、盲盒機、無人商店等新型購物場所和購物方式,它們為消費者提供了有趣的購物體驗。在 5G 時代,各種新技術的更新,會催生出更有趣、更新奇的服務設施或購物場所。因此,在未來的新零售戰場上,「有趣」將成為零售企業的重要競爭力。

3. 互動場景 —— 更真實

在 5G 的加持下,AR(擴增實境)、VR(虛擬實境)技術將得到極為快速的發展,零售企業會將這兩項技術運用到自己的實體門市、線上店鋪、App 或設備中,進而為消費者提供更真實的互動體驗。

4. 購買情境 —— 更智慧、更快速

5G 具有高速率、低延遲的特徵,在新零售領域,這兩個特徵意味著更智慧的解決方案和更快速的反應速度。5G 的高速率加強了系統的運算能力,能根據消費者需求訂製出更智

3.1 「5G+新零售」，讓消費情境更加多元化和智慧化

慧化的解決方案。5G 的低延遲則可以讓消費者的訴求得到最快速的回應。

未來，零售商有可能會成為人們的生活管家，比如，當消費者提出需求「想吃一頓有蝦子的健康晚餐」，零售商的系統接收到指令後，就會根據最佳營養組合、最低卡路里、最理想的價格以及消費者個人喜好搭配出一頓晚餐，並快速配送到消費者手中。

5. 生產情境 —— 更客製化

5G 時代是智慧製造的時代，未來的零售終端販售的將不僅僅是加工好的成品，會更多地出現客製化產品。所謂客製化產品，就是消費者需要什麼，零售業者就提供什麼。比如，消費者需要一款客製化相機，零售商就會迅速將相機的各個功能模組進行組合，生產出符合客戶需求的相機。這種客製化產品是完全依照消費者需求訂製的，為了向消費者提供這種客製化的產品，零售業者會採取「前店後廠」的經營模式，並利用 5G 技術實現智慧製造。

對於處在新零售賽道的企業來說，5G 就是一個可以快速為行業加持的巨大寶藏，它能為新零售帶來更多想像空間。各種全新的零售業態將不斷湧現，為消費者、為企業、為產業帶來變革，讓我們拭目以待！

第 3 章　5G 物聯網時代，新零售如何重構經營思維

3.2　情境化：5G 加持 AR 與 VR，科幻電影成真

2019 年上映的《蜘蛛人：離家日》(*Spider-Man: Far From Home*) 被譽為蜘蛛人系列中，帶給觀眾感官刺激最強烈的一部影片。這部電影的視覺特效光怪陸離，令人嘆為觀止。

影片中描寫的 VR、AR、全像投影、多層次視覺效果等技術令人眼花撩亂、瞠目結舌。觀看電影的觀眾一定會忍不住暢想，先進的 AR、VR 技術什麼時候才能實現在現實生活中呢？

看到這裡有人可能會問：什麼是 VR 和 AR 呢？

3.2.1　什麼是 VR 和 AR

VR 就是虛擬實境，它可以把你帶到一個虛擬的場景中，比如說帶入到南極，帶入某間商店，某間餐廳。AR 是擴增實境，是把虛擬世界套在現實世界並進行互動。AR 與 VR 的出現，讓人與電腦的互動打破 2D 平面進入 3D 新次元。

相關研究機構預測，到 2020 年將有一億人使用 VR 和 AR 購物。這說明 VR 和 AR 技術將在 5G 時代進一步發展，

相關應用也會日益普及。但是，過去的幾年中，VR 和 AR 並沒有得到廣泛的使用，這主要是因為網路的延遲會讓人們在使用 VR 和 AR 設備的時候產生暈眩感，笨重的設備也在無形中降低了了人們體驗時的樂趣。

隨著 5G 的到來，VR 穿戴裝置將不會再像現在那樣碩大而笨重，因為它的運算模組與顯示模組可以完全分離，分離後的兩者可以透過延遲僅一毫秒的 5G 網路進行無縫連接。而且，5G 網路的低延遲特徵，可以減輕 VR 和 AR 體驗中的暈眩感和影像晃動。解決了這兩個問題以後，VR 和 AR 的應用一定會得到普及。未來，VR 和 AR 將不僅僅用於遊戲這樣的特定情境，還將廣泛應用於體驗式購物等更廣泛的領域。

與此同時，VR 和 AR 的普及將帶來相關設備需求的迅速增加，針對不同應用情境的相關 App 的開發也將進入一個新的高潮，這也將是 5G 時代一個重大的商機。

3.2.2　VR 和 AR 在購物情境中的應用

5G 時代，VR 和 AR 最主要的兩個應用情境就是遊戲和影片購物。

2019 年年初，在拉斯維加斯舉型的世界消費電子展（CES）上有一個專案引起了零售商和金融界的普遍關注，這

第 3 章　5G 物聯網時代，新零售如何重構經營思維

是一個採用 VR 技術的虛擬商店。客戶帶上輕便的 VR 設備進入到虛擬商店中，只需要眨眨眼，就可以輕鬆購買看中的商品。這個過程是透過掃描客戶虹膜來實現的。

未來的買東西，將不再是舉手之勞，而是眨眼的功夫。想像一下，在未來你用 VR 眼鏡瀏覽一輛汽車或一間豪宅，捕捉到消息的銀行和保險公司會迅速跟進，向你推薦相關的金融服務。當然，虛擬商店不僅可以用於純線上的情境，還可以線下情境相結合，這時，AR 技術就將會派上很大的用處。

舉個例子，你在馬路上遇到了與你擦肩而過的人，這個人的打扮與服飾引起了你的注意。如果你的視線在她身上停留了三秒鐘以上，你就可以馬上在 AR 眼鏡中看到你穿戴這些服飾的效果，設備還會立即提示你何處可以買到這些服飾，這就是非常典型的線上線下相結合的購物應用。

當然，這種應用僅靠 5G 的速度提升，是不足以實現的，這還涉及到人工智慧在 VR 和 AR 購物場景中的應用，人工智慧結合 5G 技術、大數據技術等其他一些新技術將應用於商業零售領域，也就是新零售，我們也可以稱之為智慧零售。

這裡我想強調的是，資料對人工智慧而言，就如同糧食對人類一樣重要，而機器進行深度學習的基礎就是各種這樣

3.2 情境化：5G加持AR與VR，科幻電影成真

的大數據資源。比起有人進駐的實體店，機器售貨可以獲得一手資訊，從而透過這些資訊不斷學習，強化對個體客戶消費偏好的認知。人工智慧對商業零售業和消費的影響不僅僅在虛擬實境，擴增實境的應用方面，而是全方位的。

隨著人工智慧的廣泛應用，零售業的選址布局，業務組合、商業模式，經營方式等都將隨之進行調整和變革。這可以大大的降低零售業的營運成本，提升服務品質，還可以為客戶提供多樣化的服務情境，從而顯著的提升客戶的消費體驗。這當然是在5G為各項相關技術加持的基礎上來實現的。在未來的大型賣場的情境中，將實現購物流程情境的智慧化。

比如智慧停車，停車場是實體零售企業的使用者入口，也是使用者需求中最痛的痛點。這將是實體零售業的一個重要的變革方向，所以，目前已經有越來越多的零售企業開始布局智慧停車模組，發現無人智慧停車應用，幫助客戶解決快速停車和找車的痛點，而這些服務也需要5G技術的協助。

新零售行業的智慧化的創新還包括生物辨識技術。5G與人工智慧、感測器、攝影技術結合，就可以為零售商家可以提供人流量統計和人臉辨識服務。

比如，在智慧穿衣鏡中內建處理器和攝影機，以便辨識使用者的手勢動作、面部特徵和背景資訊，並根據這些資

第 3 章　5G 物聯網時代，新零售如何重構經營思維

訊向客戶提供客製化的訂製服務，提供使用者實際購物的體驗。工作人員可以透過一個特殊的銷售介面，以鏡子為媒介，向客戶傳送建議，顧客可以調整鏡子燈光的亮度和顏色，模擬使用情境，鏡子可以感應衣服上的 RFID 無線射頻晶片標籤，並將其顯示在螢幕上，讓客戶看到試穿效果。鏡子還會給予搭配建議，如果客戶需要試穿其他顏色或尺碼的衣服，也能透過鏡子下方的指令讓工作人員送來，當客戶試穿滿意後可以在鏡子上透過行動支付付款。

人工智慧還可以基於視覺辨識技術，獲取客戶的潛在偏好，並建立線上商品推薦模型。具體做法是羅列出商品圖片讓消費者選擇，然後，系統會預測購物者的下一個選擇，並根據消費者之前的選擇提供商品建議，而消費者的每次點選生成的資料都會用來訓練人 AI 系統。

隨著人工智慧技術的發展和 5G 的加持，我們即將進入可預測的商業時代。也就是說，不管人們有沒有登入購物網站，或者已經準備下單，零售商要能幫助恰好有需求的消費者找到恰好合適的商品。甚至在消費者意識到有購物需求之前就準備好了相關的產品。

在商業發展的未來，智慧技術和 5G 技術將遍布到商業應用中成為人們生活的日常。

3.3　5G 可以讓「高級訂製」成為大眾消費嗎？

　　說到高級訂製，大家首先想到的是奢華的訂製時裝和訂製珠寶，以及各種高階產品，一直以來，高階訂製的目標客戶的都是高收入族群，它似乎和大眾消費沾不上邊。但是，我要告訴大家一個好消息，5G 時代到來後，高階訂製商品將逐步成為大眾消費。

　　回顧商業發展的歷史，自 1994 年全球第一家電子商務公司亞馬遜誕生以來，電子商務已經經歷了門店專賣、B2B（企業對企業）、C2C（個人對個人）、B2B（企業對個人）四個階段。其中，B2B、C2C 與 B2C 已經成為目前電商領域的主流模式。

　　隨著 5G 的到來，我認為 C2B 這種新型的電子商務模式將成為未來趨勢，C2B 是個人對企業的電子商務，也就是我們常說的「私人訂製」。

3.3.1　C2B 是零售業的未來趨勢

首先，讓我們來了解一下，什麼是 C2B 模式。

1. 什麼是 C2B

C2B 的核心是以消費者為中心，它將使得傳統的共應鏈從生產導向轉向訂單導向。C2B 電子商務模式的出現，主要是因為人類社會正在經歷以下的重大轉變：一是大眾化的社交網路的發展讓企業與客戶之間雙向交流成為可能，也使得這種類型的商業關係變得可能。二是獲得技術的代價逐步下降，如今我們每一個人都能夠接觸網路技術和應用，但是在過去，只有大型公司才能取得的技術，比如說印刷技術，高效能電腦以及強大功能的軟體等。

C2B 電子商務最具革命性的特點就是，它將商品的主導權和優先權從廠商轉移到了消費者身上，實現「人人設計、一人一款」。這在之前，即使是在買方市場的情況下，也是沒有辦法做到的。但是，如今這個問題卻可以透過通路的改變和新型製造方式來解決。

2. C2B 模式的五大優勢

比起傳統電商模式，C2B 模式有四大優勢。

3.3 5G 可以讓「高級訂製」成為大眾消費嗎？

(1) 通路優勢

大家知道在傳統的商業活動中，有些產品的通路費、廣告費占比高達產品成本的 80% 以上。C2B 電子商務的本質是利用長尾效應，實現客戶開發成本的革命性降低，從而彌補客製化生產在生產環節的成本增加，這是 C2B 電子商務的第一個優勢。

(2) 降低資金和庫存壓力

傳統企業是做了再賣，賣不掉就成了庫存，而 C2B 電子商務模式卻反其道而行，是賣了再做。你也可以將其理解為預售，這是一種按需生產的方式，所以可以使庫存的資金壓力下降很多，這是 C2B 模式的第二點優勢。

(3) 快速響應客戶需求

C2B 電子商務的第三個優勢就是回應客戶需求的速度加快。在人工智慧和 5G 的加持下，零售商能迅速辨識客戶需求，並以最快的速度做出反應。

(4) 客戶黏性較高

5G 加持的體驗式消費情境還很容易形成衝動消費的非理性購物氛圍。此外，具有相同購買慾望或者偏好的族群還可以透過社交網路進行團購，從而強化消費者的市場力（marketing power），以解決傳統零售中買賣雙方失衡的情況。因此，C2B 電子商務的客戶黏著度就會比較高。

(5) 沒有中間商賺差價

在 C2B 模式下，客戶與工廠之間沒有中間商賺差價。事實上，網路經濟的一個關鍵訴求就是去中心化和縮短路徑，而 C2B 電子把路徑縮短到了極致。

C2B 模式的優越性已經得到了驗證，但要實現這種新零售模式，還需要製造業的支持，只有智慧工廠才能批量生產客製化產品，讓 C2B 模式真正大規模普及。

3.3.2　智慧工廠：批量生產客製化產品

前文中，我們從消費端的角度了解 C2B 電子商務的價值來源。那麼，在生產端如何實現 C2B 模式呢？

智慧工廠和彈性生產方式的建構，是實現客製化的另外一個非常關鍵的因素。所謂彈性生產，簡單說來就是在一條生產線上製造出滿足不同需求的產品，可以實現客製化。這個定義是相對標準化生產而言的，標準化生產製造出的都是大量的、標準化的產品。

而智慧工廠的概念是由出自於美國 ARC Advisory Group

3.3 5G可以讓「高級訂製」成為大眾消費嗎？

提出的，他們為智慧工廠下的定義是：「工廠在工程技術、生產製造、供應鏈三個層次，實現數位化的產品設計、數位化的產品製造、數位化管理，以及綜合整合最佳化。」智慧工廠是一個智慧化的綜合製造體系。

在智慧工廠裡，大量的機器和設備都裝有內建感測器，所有設備採集到的資料都要傳到資訊系統後臺，再透過計算後將新的指令傳回到設備。如果依靠傳統的 Wi-Fi 或者工業無線電等網路傳輸方式來支援這些工作，雖然也能達到資訊傳遞的目的，但很難解決頻寬有限造成的網路延遲。依靠 Wi-Fi 傳輸的畫面，不僅有卡頓和區域性馬賽克等現象，而且極易受到其他無線電訊號的干擾。這對生產要求苛刻的離散型的設備布局的智慧工廠而言，這絕對是不允許的，而且會產生很多的安全隱患。

當前，有絕大部分的企業認為 5G 是未來五年之內最重要的數位化轉型加持技術，其重要程度甚至排在了人工智慧和資料分析技術之前。大家都很期待利用 5G 的高頻寬、低延遲特點，結合當下的 VR、AR 技術，透過電腦模擬合成的方式，實現智慧工廠生產的 360 度立體監測，以幫助生產管理人員即時了解工廠的工作進度、品質狀況、設備狀態，並能夠根據各種狀況及時進行回饋和調整。

與此同時，5G 技術在提升網路穩定性的基礎上，也能提

第 3 章　5G 物聯網時代，新零售如何重構經營思維

升網路的安全性。在保障訊號覆蓋品質的前提下，5G 技術可以減少訊號外洩，做到廠內有訊號，而廠外沒訊號，這將大大的提升精密設備生產的安全性。

在 5G 網路的加持下，智慧工廠將全面達成彈性生產，到那時，工廠就可以大規模生產客製化產品，「人人訂製、一人一款」就可以大規模普及了，私人訂製也能真正走到一般消費者的身邊。

3.4 什麼才是 5G 時代新零售創新的本質？

在討論 5G 時代的新零售創新的本質之前，我們先來回顧一下零售業的發展史，剖析一下零售業變革的驅動力，從而發現 5G 時代新零售行業所面臨的巨大機遇。下面，我用一張簡單的圖表，為大家展示了 20 世紀美國零售業發展與演進的過程。

就像圖上展示的那樣，在人類社會發展的歷史上，商業零售業的經營模式一直都在發生變化，而驅動這些變化的動力就是科學技術的發展所帶來的購物方式的變化。

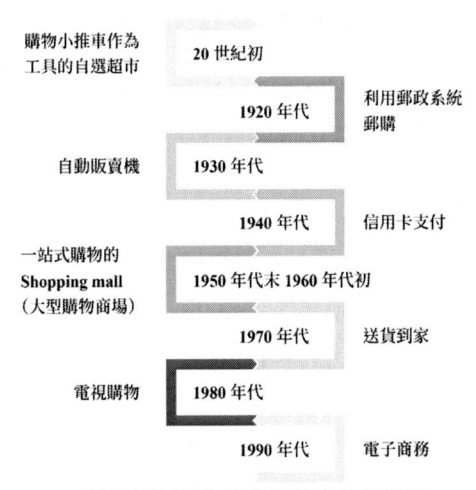

20 世紀初	購物小推車作為工具的自選超市
1920 年代	利用郵政系統郵購
1930 年代	自動販賣機
1940 年代	信用卡支付
1950 年代末 1960 年代初	一站式購物的 Shopping mall（大型購物商場）
1970 年代	送貨到家
1980 年代	電視購物
1990 年代	電子商務

20 世紀美國零售業發展與演進的過程

第 3 章　5G 物聯網時代，新零售如何重構經營思維

事實上，我們很難說是市場改變了消費者，還是消費者改變了市場，但我們可以肯定的是，零售業經營模式的變化一定伴隨著消費者購物方式的變化。

如今，電子商務已經成為很多消費者購物的首選，實體門市因此受到了巨大的衝擊，每年都有很多實體店家因為線上購物的衝擊而倒閉，我們身邊的大型購物中心裡，開店賣東西的商家越來越少，租門市的商家大多是開餐廳的、做補習班的、開健身房、做美容院的。

說到底，人們終究無法透過一條網路線來做美容、練瑜伽，於是這些主打體驗式消費的實體商家依然能夠生存，可見體驗是消費情境中的關鍵核心。

在 5G 時代，體驗式行銷說不定會成為實體零售業的一顆「靈丹妙藥」。

3.4.1　5G 時代新零售創新 —— 體驗式行銷

2001 年的 12 月，美國未來學家，暢銷書《第三波》(*The Third Wave*)的作者艾文·托佛勒（Alvin Toffler）曾經預言：「服務經濟的下一步是走向體驗經濟，人們會創造出越來越多的跟體驗有關的經濟活動，商家將靠提供體驗服務取勝。」體

3.4 什麼才是 5G 時代新零售創新的本質？

驗式經濟時代的到來，對企業最深遠的影響主要展現在在行銷觀念上。

1. 體驗式購物真的能夠拯救實體店面嗎

所謂體驗式行銷，就是站在消費者的感官、情感、思考、行動、關聯五個方面來重新定義設計行銷的思考方式。此類思考方式需要突破傳統上理性消費者假設，認為消費者在消費時是理性與感性並存的。消費者在消費前，消費中和消費後的體驗通常不是自發，而是被誘發的，說明行銷人員可以採取媒介來誘導客戶的體驗。

例如手機是一種情境體驗式的消費產品，可以透過線下行銷人員採取各種媒介來誘導客戶體驗。廠商所要做的就是把手機的利潤回饋給線下的行銷人員，鼓勵他們誘導客戶來體驗產品，激勵他們的行銷行為。

體驗是行銷的魅力已經被各大線上零售企業發掘，線上零售平臺也紛紛積極探索體驗式行銷的新方向。

假設一間主打智慧化的餐廳，可以從智慧後臺的營運到前臺智慧機器人的服務，從點菜到炒菜到菜品的呈現，全部都是智慧化的。

使用者到智慧化餐廳用餐時，掃描座位上的 QR Code 就

可以點菜,如果出現多點、點錯的情況,還能輕鬆取消。下單之後,智慧廚房會快速完成配菜,而智慧機器人則會立即炒菜,隨後,由專門的傳菜機器人在第一時間將菜品傳送給使用者。從使用者下單,到菜品呈現給使用者,使用高度智慧化流程,運作效率遠高於傳統流程,並且更加乾淨衛生。

智慧化的餐廳的智慧化與高效率,可為顧客帶來全新的體驗,這種全新的智慧型門市也是未來零售業的發展方向。5G 時代來臨後,人工智慧、AR、VR 等技術進一步發展和普及,線下實體店的體驗說不定會更加新奇、有趣。

2. 體驗式消費一定會吸引客戶嗎

近年來,消費者行為與喜好正在發生一些值得關注的改變趨勢。第一個趨勢是消費者期待隨時隨地隨性的情境觸發式購物;第二個趨勢是以社交媒體為中心的消費者互動,特別是粉絲經濟和羊群效應日趨顯著,第三個趨勢是超出標準產品和非常規服務的客製化需求不斷增加。

所以重新定義影響客戶的三個重要因素,將會是重新定義通路,重新定義購買,激勵,重新定義產品和服務。為此,新零售的創新的要點應該是用 5G 技術和人工智慧的手段去重構消費者購物情境的關係。

5G 的到來,可以透過 AR、VR 及高畫質影片、串流媒

體等技術,結合人工智慧,網路技術的融合應用,為消費者提供線上線下相融合的全通路購物體驗,更能充分滿足他們想要在日常生活中隨時隨地購物的需求。

5G 的出現,將把體驗式的行銷推向一個新的高度,線下商家要藉助 5G 技術和應用,有意識地以實體店為舞臺編寫劇本,並營造一種氛圍,設計一系列事件,以促使客戶變成其中的一個角色,盡情去表演。客戶在表演的過程中將會因為主動參與而產生深刻難忘的體驗,從而為獲得體驗價值,企業也也可以透過滿足消費者的體驗需求達到吸引和保留顧客,獲取利潤的目的。

由此可以,體驗式購物能夠吸引消費者,也可以拯救線下實體店鋪,它是 5G 時代新零售創新的重要方向。

3.4.2　資訊收割:是新零售創新的本質

儘管消費者對電商通路的接受度很高,但是仍然有某些類別的產品,他們還沒有從線下轉到線上,這使得線下購買行為的資料缺失,導致客戶的描繪不完整。

所以很多商家正想方設法把線下使用者的行為線上化,以獲取更全面的資訊。例如,企業在實體商店的門口放上一個 QR Code,告訴消費者只要註冊某個帳號,就可以免費使

第 3 章　5G 物聯網時代，新零售如何重構經營思維

用商家的服務一段時間，這個看似很簡單的改變，恰好就是新零售的思維。

以前，商家要調查一個樣本的成本可能要 50 塊錢，如果要讓目標客戶下載相關的 App，那麼成本會上漲到 300 塊。現在，當消費者掃描商店門口的 QR Code 時，店家可能只需幫客戶出 10 塊錢，就找到了一個目標客戶，資訊馬上就被登錄了，店家就可以對客戶的行為進行連結和分析。

誰掌握了資訊，誰就掌握了最關鍵的數位資產。正如前文曾講到的智慧穿衣鏡，我們透過 AR、VR 和人工智慧，把使用者實體資料和線上資料相結合，並根據使用者的偏好進行即時調整，就讓消費者得到了獨一無二的客製化體驗。這是未來新零售的最理想形態。

網際網路女皇瑪麗・梅克（Mary Meeker）曾說：「資料量加利用率就等於經濟成長。」而 5G 正是那張捕撈資訊的大網，也是幫助實體商家利用資訊蒐集，創造美好消費體驗的工具。

在 5G 時代的新零售中，體驗是激勵消費者的手段，資訊是收割消費者的利器。

3.4 什麼才是 5G 時代新零售創新的本質？

【焦點問答】

5G 時代，實體零售店如何在下個風口突圍？

行動網路時代，3C 產品市場極為可觀。但近兩年，手機普及率幾乎達到飽和後，成長率便開始下滑，出貨量也逐年趨緩。根據多間國際分析公司的統計報告顯示，手機銷量的年成長率都低於往年。智慧型手機市場進入存量換機時代，因此手機經銷商也隨之進入發展的瓶頸期，換機需求成為當下手機市場的主要驅動力。

5G 時代，換機潮帶來新浪潮。市場分析機構 Strategy Analytics 釋出的報告指出，2019 年全球 5G 智慧型手機出貨量達到了 1,900 萬臺。2020 年將會是 5G 手機爆發年，推動市場新一輪換機潮紅利的來臨，根據 IDC（國際數據資訊）年度追蹤報告，在 2024 年第一季，全球智慧型手機的出貨量為 2.894 億部，年成長率達到 7.8%。

在本節問答中，我就從手機零售行業價值鏈的前端，即行銷端，和後端，即供應鏈倉儲端，兩個方面剖析手機經銷商如何在 5G 浪潮實現突圍。

5G 來臨，智慧生活館拯救手機零售店面臨的時代陣痛

先從手機零售業的行銷端來說，關係最緊密的莫過於有販售手機的門市。對於門市而言，線上衝擊、市場飽和，同

第 3 章　5G 物聯網時代，新零售如何重構經營思維

質化嚴重、競爭白熱化，門市成本高、客流減少、銷量下滑、利潤劇減，都是 5G 來臨前的時代陣痛。

想要扭轉這種局面，關鍵還是要探索手機新零售。5G 時代，手機門市的新零售探索方向大致可以歸結為以下幾點：

1. 打造情境式智慧生活館。5G 時代，手機店將進化為智慧產品綜合服務生活館，形成賣手機──賣體驗──賣生態的銷售場景。例如品牌生活館、品牌旗艦店，其商品除手機之外可能還涵蓋了家居用品、數位配件等等。有的品牌依託家居生態系統，解決客戶消費頻率低、復購週期長的問題，集體驗──連結──配對──安裝的一站式消費購物情境之外，還能提升消費者的購物體驗。

2. 以資料數據為驅動提升使用者購物體驗。前面我們講到 5G 時代新零售必然以資料數據為驅動。獲取使用者資訊，掌握消費族群的人物誌（User Persona），才能利用資料數據提升門市使用者的購物體驗，精準解決客戶的新增、留存問題。

3. 建構線上與實體整合式的行銷體系。改善線下通路、拓展線上通路，實現線上線下整合，互相導流。利用線下門市的自有流量，透過平臺的大數據篩選、分析、鎖定，將活動精準推送給使用者，再透過線上擴散形成線上線下的行銷閉環。

4. 提升門市智慧化程度。針對門市成本越來越高的問題，只有提升門市智慧化程度，才能以科技的手段最佳化門市資源，以物聯網、人工智慧等技術實現門市的智慧化管理，節省人力、管理營運成本。

找準 5G 商機！這是一場手機零售供應鏈變革

從後端，即供應鏈倉儲端來說，對於線下經銷商和電商倉儲供應而言，倉儲成本高、管理冗繁，庫存不穩定、抗風險能力弱，利潤薄、出庫不及時、客戶體驗差，資金跟不上、進退兩難等問題，都使得 5G 來臨前夜成為了至暗時刻。

需要注意的是，這些問題都是手機零售傳統供應鏈面臨變革的普遍現象，所以只有在 5G 時代創新供應鏈倉儲模式，才能整體上改變這一現狀。

3C 共享庫存的整體解決方案，也作為供應鏈金融平臺，是一種探索 5G 時代的手機零售供應鏈倉儲創新模式。

這種創新模式主要從兩方面幫助手機經銷商在 5G 時代實現突圍。一個以「供應鏈金融」解決其供應鏈資金問題；一個是以「共享庫存」解決其倉儲庫存的壓力問題。只有同時解決這兩個問題，才能讓「便捷穩定的可用資金」與「高利用、快周轉的變現庫存」形成降本增效的有效閉環。

第 3 章　5G 物聯網時代，新零售如何重構經營思維

創新共享庫存

這樣的平臺可以透過各地聯合倉庫、雲端資料儲存、大數據分析，實現經銷商手機庫存的高度共享。以視覺化庫存管道與數位化系統實現智慧協調，改善庫存，紓解經銷商及電商的庫存積壓或短缺問題，打通庫存之間的共享流通。

創新供應鏈金融

有許多的企業受到融資成本的影響，融資成本因素居於各項影響企業發展的成本因素之首。中小企業的初始資本小，可抵押的資產少；多數企業由於處於初創期，用於門市和囤貨以及拓展新市場的費用占比很大，導致盈利水準持續低下，同時也導致了企業的現金流不穩定、資金鏈脆弱，抗風險能力差，一旦遇到問題，資金鏈斷裂，企業生產經營活動將會受到沉重打擊。

若平臺能夠研發科技終端與風控系統，為連鎖門市打造安全的融資服務，使得融資流程變得更順暢，那麼便可精準解決客戶資金需求，打破融資困境與風險等問題。

手機零售供應鏈變革風起

5G 到來，行動終端產品的疊代更新是必然，換機潮紅利在即。風已起，潮已動！手機新零售勢必迎來新一輪的激烈競爭。縱觀每一次新技術帶來的革新風潮，能活下來的都是

3.4 什麼才是 5G 時代新零售創新的本質？

主動革新的企業。所以，作為手機經銷商，要麼搶占先機主動突圍，要麼被突圍。但是，經歷這場 5G 新零售洗禮活下來的企業，也必將更加穩固茁壯。

第 3 章　5G 物聯網時代，新零售如何重構經營思維

第 4 章
5G+ 工業網路，
如何撬動製造業龐大產業鏈市場

　　5G 是吹響了工業 4.0 時代的序曲，它是第四次工業革命的支柱，是工業網路的加持者。5G 與工業網路的結合會為製造業帶來一場「地震」，讓生產力提升、打通所有生產環節，實現資源最佳化配置，讓智慧生產真正落地。

第 4 章　5G+ 工業網路，如何撬動製造業龐大產業鏈市場

4.1　全速驅動，5G 奏響工業 4.0 的序曲

在人類發展的歷史中，已經經歷了三次工業革命，人類的生產、生活方式都因這三次工業革命而發生了翻天覆地的變化。

第一次工業革命始於 18 世紀，以蒸汽動力代替了人工勞動；第二次工業革命發生於西元 1870 年到 1914 年之間，以電力取代了蒸汽動力；第三次工業革命在二戰後爆發，它讓傳統工業走上了機械化、自動化、數位化的道路。而今，第四次工業革命也正拉開序幕，第四次工業革命又被稱為工業 4.0，它將引領工業進入智慧化的時代。

第一次工業革命	第二次工業革命	第三次工業革命	第四次工業革命
機械化	電氣化	數位化	智慧化

四次工業革命

伴隨著第四次工業革命的號角響起，世界各大工業強國都啟動了自己的工業振興計畫，2011 年，美國提出了「美國

先進製造夥伴（AMP）」，德國提出了「工業 4.0」，2015 年，中國宣布實施「中國製造 2025」，日本也正式啟動了「日本產業重振計畫」，韓國則提出了「製造業創新 3.0」，各國的工業振興計畫都旨在利用科技促進經濟產業結構更新，推動工業邁向新階段。

那麼，第四次工業革命究竟會為我們帶來什麼呢？換句話說，工業 4.0 的核心內容是什麼呢？

4.1.1 什麼是工業 4.0

第四次工業革命，即工業 4.0 的內容可以被歸納為下面將提到的三個面向。

1. 製造業服務化

製造業服務化是未來的大趨勢，製造企業的盈利來源將不再只是產品，服務也能創造出更多收入。什麼是製造業服務化呢？它是在產品設計、工廠自動化、客戶關係管理和物流等環節發生的顛覆性變革，這種變革的最終目的是擴展價值鏈，讓製造商從單純地銷售產品變為提供產品和服務。

2. 橫向、縱向、端到端整合

(1) 橫向整合

橫向整合是指，在採購—生產—銷售的全過程中，進行價值鏈橫向整合，也就是企業間的無縫合作，它可以確保整個價值鏈上的每個環節都能被即時掌控，可以提供即時產品和服務。橫向整合將對傳統製造業中的產品設計、製造、銷售等模組產生巨大的影響，讓整個行業重新洗牌，並促使傳統製造商向綜合產品服務提供商轉型。

(2) 縱向整合

一個製造企業中必然有多個資訊系統，過去，這些資訊新系統是垂直並立的，這就造成了企業內部的資訊隔離。縱向整合就是要把這些垂直並立的資訊系統串連，讓企業內部的資訊無縫連接，以提升生產效率。

(3) 端到端整合

端到端整合是對產品生命週期的整合，它是指透過網路與客戶和售出產品建立長期的連結，根據客戶和產品的回饋資料不斷進行產品的改善和更新。端到端整合可以讓傳統製造業完成「以產品為中心」到「以產品服務為中心」的轉型。

不過，製造企業要實現這三個整合，必須要具備基礎設施，也就是「工業互聯網」。

3. 網宇實體系統 —— CPS

工業 4.0 的核心系統叫 CPS（Cyber-Physical System，即網宇實體系統），它是一個將資訊通訊、控制、物聯網、雲端運算、大數據、人工智慧等技術成於傳統產業之上的，可以達成自動分析、判斷、決策和學習成長的系統。我們可以把它視為一個由虛擬數位世界和物理世界交會而成的系統，這個系統可以以輔助和替代人類做決策。

很顯然，CPS 系統需要 5G 的加持，有了 5G，物聯網、雲端運算、大數據、人工智慧等技術才能真正地實現並發揮最大效用。所以說，5G 是工業 4.0 的最強驅動力。

4.1.2　5G 如何驅動工業 4.0

5G 驅動工業 4.0，主要依靠的是新無線（New Radio）、網路切片和邊緣運算這三大技術。

1. 新無線

新無線就是我在前面的章節中介紹過的空中介面技術，這種技術提供了極大的通道容量，能進行超高速、大容量的資料傳輸，是 5G 網路實現超高速、大容量和低延遲三大應用場景的基礎，而在未來的工廠裡，5G 的三大應用場景缺一不可。

第 4 章　5G+ 工業網路，如何撬動製造業龐大產業鏈市場

比如，在未來工廠中，移動機器人必不可少，但它必須依靠 5G 的高可靠、低延遲應用場景才能實現。移動型機器人是「彈性工廠」的重要組成部分，所謂彈性工廠，就是指可以自由移動工廠中的機器設備，自由地重組各種生產工具，讓工廠能夠在快速、低成本地轉換不同的生產線。

彈性工廠需要用無線連線來替換有線連線，因為只有擺脫了線纜的束縛，才能自由地設計、操作和組合互聯的機器人和設備。一般來說，無線連線的穩定性不如有線連線，所以我們需要高可靠、低延遲的無線連線，也就是 5G 網路。

再比如，工廠自動化則需要超高速、大容量和低延遲三大 5G 應用場景的共同支持。所謂自動化工廠，就是以提升生產效率為目的，對各個子部件進行即時監測，對產品品質進行即時測量，對生產線進行即時改進。這些動作的實現，必須依靠低延遲、高可靠的 5G 網路。而 3D 模型傳送、視覺控制機器人手臂、遠距數位工廠等應用需要高可靠高速度的寬頻通訊。

此外，工業 4.0 的端到端整合跨越了產品的整個生命週期，要與大量的已出售商品連線，就需要運用到 5G 物聯網技術；企業之間或企業內部的橫向整合以為需要無處不在的 5G 網路；智慧工廠的實現更是離不開具有超大容量的 5G 網路。

4.1 全速驅動，5G 奏響工業 4.0 的序曲

5G 網路可以支持多種多樣的業務，能夠容納和接入各式各樣的終端，是實現工業 4.0 的保障，而空中介面技術是實現 5G 強大功能的基礎。5G 在未來工廠的的應用，還需要領一線技術，那就是網路切片。

2. 網路切片

在前面的章節中，我已經為大家詳細介紹過網路切片，網路切片可以將一張物理網路切成多張相互獨立的子網路，這些切片的「子網路」可以共享物理基礎設施，分別服務於工業 4.0 的不同場景。

舉一個簡單的例子，假設有一家製藥企業在全球有 20 家大型工廠，每家工廠中的製藥流程相同，都透過機器手臂上的移液器來分配藥品中的藥物成分。但是，這個製藥企業要推動生產改革，實施「客製化製藥」，即根據不同需求，對同一種藥品內的重要成分比例進行調整。

於是，這家製藥企業透過 5G 網路，把分布在全球各地的 20 家工廠連線到雲端。並根據大數據和人工智慧的分析，確定不同類型患者需要的藥物成分比例。在生產環節，機械手臂根據雲端的即時指令來控制移液器進行配藥。

上述場景需要依靠具備端到端 QoS（服務品質）保障的 5G 網路切片才能實現。如果在生產過程中，工廠還需要利用

穿戴式裝置、AR 技術等監視生產過程、擴增實境顯示來自雲端的影片或者利用感測器實現全自動生產,那麼,這家企業就需要更多的 5G 網路切片才能實現這些場景。

3. 邊緣運算

為了保障端到端的服務品質,在應對工業 4.0 中的低延遲、高可靠場景時,還需要另一項關鍵技術——邊緣運算。在前面的章節中,我們了解了邊緣運算的定義,它是指「靠近物或資料來源頭的一側,利用網路、運算、儲存、應用關鍵能力為一體的開放式平臺,就近提供最近端服務。其應用程式在邊緣端啟動,產生更快的網路服務回應,滿足產業在即時業務、應用智慧、安全與隱私保護等方面的基本需求。」

相比雲端運算,邊緣運算更接近使用者端,它不僅能降低網路延遲和負荷,還能基於裝置部署新的應用。邊緣運算對工業 4.0 的作用主要展現在以下幾個方面:

(1) 安全性

5G 網路將工廠內的機器、資產等連線到雲端,大量資料也被放在在雲端儲存和處理,這雖然可以提升工廠的自動化程度,但也意味著資料的安全性降低,而邊緣運算則不必將資料傳送到雲端,可大大降低安全風險。

(2) 低延遲

邊緣運算一般部署在裝置或靠近裝置的地方，能滿足工業 4.0 的超低延遲要求，因此非常適合工廠自動化環境。而且，未來工廠的一些設備功能還可以透過虛擬實體的方式部署於邊緣運算，讓工廠的靈活性和生產效率得到進一步提升。

(3) 低成本

工業 4.0 是智慧製造的時代，企業需要從各個感測器中收集大量資料，並透過分析做出即時決策和預測性維護。龐大的資料量會為資料傳輸、運算、儲存帶來巨大的成本壓力。而邊緣運算可以幫助工廠智慧收集資訊，過濾無用訊息，降低營運成本。

5G 時代的全面到來，正式吹響了工業 4.0 的序曲，5G 將為工業加持，推動技術創新與行業融合，實現生產方式的最佳化和產業結構的更新。

第 4 章　5G+ 工業網路，如何撬動製造業龐大產業鏈市場

4.2　融合創新，5G 改變傳統製造業

　　5G 將改變傳統製造業，這個結論是毋庸置疑的。因為，5G 不僅改變了網路傳輸的速率，也改變了設備與設備之間連線模式，可以開啟「萬物互聯」的時代。對製造業而言，5G 帶來的改變，不亞於一場改變板塊構造的地震。

　　那麼，5G 將會以什麼樣的形式加持製造業呢？我們先拋開枯燥的理論，來看看 5G 時代的工廠是什麼樣的。

4.2.1　5G 時代，工廠會發生什麼變化

　　讓我們一起走進一家 5G 時代的智慧工廠，來看看這家工廠和傳統工廠有什麼不一樣，發生了哪些變化。

1. 工廠裡的線纜都不見了

　　走進工廠後，我們發現這家工廠裡一根線也沒有，難道工廠遭到了盜竊嗎？大家千萬別慌，並不是線纜被偷了，而是工廠不再需要線纜了。基於 5G 的高速率、大容量、低延遲的特徵，工廠中的各個系統和設備可以直接進行無線傳輸、無線控制，因此不再需要複雜的線纜。當所有的線纜消失後，工廠的成本降低了，因線纜而存在的安全隱患也將大大減少。

4.2 融合創新，5G 改變傳統製造業

2. 機器人可以「隨心所欲」到處走了

線纜以後，限制機器人行動的「繩索」也就消失了。在高可靠性 5G 網路的連續覆蓋下，機器人可以「隨心所欲」地在工廠中移動，有效率地抵達各個地點。工廠中的生產線也可以變成能靈活調整各設備位置、靈活分配任務的彈性生產線。

3. 不用和甲方說話

甲方，是一個讓人又愛又恨的角色。很多生產企業與甲方溝通時會產生一些障礙，生產效率也會因此受到影響。但在 5G 時代，由於資訊網路的高度覆蓋，人機互動將應用地更加廣泛。如果，甲方面對業務人員說不清楚需求，那就可以讓他直接和機器人溝通，在機器人的幫助下將產品要求精確地呈現出來。

在 5G 時代，甲方甚至可以透過電腦和手機，直接連接到生產網路，隨時根據生產現狀調整自己的計畫，實現「所想即所造」。

4. 維修人員不用來了

生產現場的每一次故障都意味著損失，生產線癱瘓更是企業主心中的「噩夢」，如果維修人員無法及時到場，那麼經濟損失就會隨著時間的流逝而持續增加。

第 4 章　5G+ 工業網路，如何撬動製造業龐大產業鏈市場

　　但是，在 5G 時代的工廠裡，維修人員不到場將成為常態，因為他們無需到達現場，就可以順利排除故障。5G 帶來的萬物互聯，使得未來智慧工廠的維護工作可以遠距實施。在未來的工廠中，每個物體都會擁有一個獨一無二的 IP，並連入 5G 網路。故障發生後，維修人員可以透過 5G 網路第一時間獲取故障資訊，並利用 VR 等技術遠距指導工廠即時處理故障。

5. 機械手臂配合得天衣無縫

　　在 2017 年舉行的巴塞隆納世界行動通訊大會上，德國電信一個進行了基於 5G 技術的實驗，在實驗中，兩支連上 5G 網路的機械手臂共同完成了托舉箱子的動作。

　　5G 網路端到端的切片技術可以精準控制兩支機械手臂，讓它們同步且流暢地完成了全套協同動作。5G 被廣泛應用生態下，機器人除了可以靈活移動，還可以相互配合合作，靈活地完成高難度的任務。

6. 機器人有了「大腦」

　　進入萬物互聯的 5G 時代後，工廠中的每個設備都可直接連接雲端伺服器，並與雲端伺服器進行高效互通，大量的資訊和資料將即時雲端伺服器網路，為人工智慧提供學習的「素材」。

當雲端伺服器的應用效率達到最高時，大量工業級數據會彙總到雲端伺服器，形成龐大的資料庫，這個資料庫將不斷「餵食」人工智慧，加快其自主學習的速度，幫助製造企業做出決策或找到最佳解決方案，提升整體生產效率。

也就是說，5G 時代的工業機器人將擁有一個「遠在天邊，近在眼前」的「大腦」，這個「大腦」會幫助機器人計算、規劃最佳生產模式，做出最有利的決策。

在 5G 時代的智慧工廠中，生產線變得更加靈活，生產製造環節被縮短，生產製造效率得以提升，機器人變得更加智慧，成為人的高級助手。5G 的到來，加快了製造業的轉型更新的腳步，相信在不久的將來，智慧工廠將變得隨處可見。

4.2.2　5G 生態下，製造業將全面轉型更新

上文中提到的智慧工廠令人嚮往，它的實現離不開 5G 技術的加持。從製造業的角度來看，5G 優勢也十分明顯，它具有可以媲美光纖的傳輸速度、萬物互聯的廣泛連線，以及接近工業匯流排的即時傳輸能力。這些能力是目前的製造業迫切需要的，所以製造業正以十分積極主動地姿態擁抱 5G。製造業與 5G 的融合將引發一系列的變革，創造大量新應用。

第 4 章　5G+ 工業網路，如何撬動製造業龐大產業鏈市場

可以說，5G 為製造業的轉型升級帶來了歷史性的發展機遇。

那麼，在 5G 生態下，製造業將會從哪幾個方面的開始轉型呢？換句話說，5G 將從哪幾個方為製造業加持呢？我認為，在現階段，5G 將從以下四個方面為製造業加持，促進製造業的全面轉型更新。

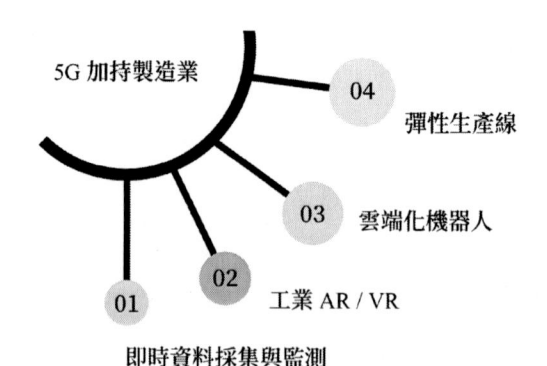

5G 加持製造業

- 01　即時資料採集與監測
- 02　工業 AR / VR
- 03　雲端化機器人
- 04　彈性生產線

5G 加持製造業

1. 雲端化機器人

雲端化機器人是指位於雲端的控制平臺利用人工智慧、大數據等先進技術，控制實體機器人執行任務。雲端化機器人會與雲端平臺進行大量的即時資訊交換，需要 5G 網路支撐。雲端化機器人其實就是為機器人裝上「大腦」的過程。

5G 將從以下三個方面為雲端化機器人加持：

(1) 使機器人敏捷行動，讓其安全地與工人合作

5G 的高可靠、超低延遲的特性，能讓機器人即時感測工作人員的動作，並靈活地進行回饋和配合。而且機器人會始終與工作人員保持安全距離，保證人機合作的安全性。

(2) 加強機器人之間的協作能力

5G 為工業機器人的相互通訊提供支持，使機器人具備自行組織能力和協作能力。具備協作能力的工業機器人可以透過相互合作，完成單個機器人無法獨立完成的任務，擁更高許可權的領導機器人也能透過 5G 網路指揮其他機器人高效率地完成任務。

(3) 實現對機器人的遠距即時控制

在一些高溫、高壓等不適合人類作業的特定生產環境中，機器人能發揮重大作用，工人可以 5G 網路即時遠距操控機器人，同步、安全地完成工作任務。

2. 彈性生產線

彈性生產線可以靈活生產不同產品的生產線，比如，某條生產線之前是生產鍵盤的，但經過靈活調整後，它也可以生產滑鼠。彈性生產線最大的優勢是可以根據訂單來靈活調整生產任務，可以實現大規模的多樣化、客製化、客製化生產。

第 4 章　5G+ 工業網路，如何撬動製造業龐大產業鏈市場

過去，生產線的模組化設計雖然已經相對完善，但是由於受到物理空間中的網路部署限制，製造企業在進行混線生產時會受到較大約束，而 5G 的到來將很快改變這一現狀。

5G 將從以下兩個方面為彈性生產線加持：

(1) 網路部署方式彈性化

5G 網路中的 SDN（軟體定義網路）、NFV（網路功能虛擬化）和網路切片功能，可以支持製造企業根據的業務場景編排網路架構，靈活地依照需求打造專屬的傳輸網路。企業還可以根據不同的傳輸需求對網路資源進行彈性調配，並透過頻寬限制和優先順序配置等方式，為不同的生產環節提供適合的網路功能。

(2) 生產線部署更靈活

彈性生產線上的製造模組要具備改造成本低、重部署能力強的特性，因此這些模組要擺脫線纜的束縛，能夠自由靈活地拆分和組合。而要實現這些功能，就需要 5G 網路的強大連線能力。在這種部署方式下，彈性生產線的工序可以根據原料、訂單的變化而靈活調整，設備之間的通訊關係也會隨之發生改變。

4.2 融合創新，5G 改變傳統製造業

3. 即時資訊採集與監測

在智慧工廠中，生產資料的採集和工廠、設備狀態的監測十分重要。因為，資訊採集和監測能為生產的決策和設備的運維提供可靠的依據。雖然，目前 NB-IoT、ZigBee 等無線技術已經在工業資料採集與監測中得到了應用，但它們的傳輸速率、覆蓋範圍、延遲、可靠性和安全性等方面遠遠不如 5G。

5G 將從以下三個方面為資料採集與監測加持：

(1) 支援超高畫質影片監視和機器視覺辨識

5G 網路能夠將廠房內高畫質監視錄影同步回傳到控制中心，還原工廠內各區域的生產細節，為工廠的精細化管理提供支援。智慧工廠中的產品缺陷檢測、精細原材料辨識、精密測量等業務場景需要用到影片影像辨識技術。5G 網路能保障大量高畫質影片影像的即時傳輸，提升機器視覺系統的辨識速度和精度。

(2) 促進工廠內大量資料即時上傳

5G 網路可以將工廠內大量的生產設備及關鍵部件相互連接，以提升生產資訊採集的及時性，改進生產流程、耗能管理提供網路支撐。此外，工廠內的環境感測器可以透過 5G 網路將工廠內的溫度、溼度、亮度、空氣品質、汙染等資訊

狀態即時上報，讓管理人員能夠對工廠和廠房內的環境實施精準控制與調整。

(3) 提升工廠設備遠距運作維護能力

5G 的高可靠、低延遲、低功耗的特效能夠支持生產設備的遠距運作和維修，使生產設備的維護工作可以突破時間和空間的限制，達成跨工廠、跨區域的遠距故障診斷和維修。

3. 工業 AR、VR

在工業領域，AR 技術將用於裝配過程指導、設備檢修等應用情境，它可以透過虛擬影像與真實視覺疊加的方式，直觀地呈現出操作步驟，幫助工程師縮短作業時間，降低錯誤率。VR 技術將用於工業設計領域，它可以讓分隔兩地的工作人員進入同一個虛擬場景中，共同設計產品。超高畫質 AR、VR 影片每秒容量高達 100MB 以上，目前的 4G 網路或 Wi-Fi 網路很難對它們進行穩定、流暢、即時的傳輸，只有 5G 網路可以解決這個難題。

5G 將從以下三個方面為工業 AR、VR 加持：

(1) 提升工業 AR、VR 的顯示效果

5G 網路高速率、大容量的特性將滿足 AR、VR 應用過程中的大量影片傳輸，可以大大提升 AR、VR 設備的順暢度和清晰度。5G 網路能夠支援 8K 解析度、3D 等影像的極致

顯示需求，使更加精細的視覺效果得以呈現，讓使用者有更好的視覺體驗。

(2) 提升工業 AR、VR 的互動體驗

工業 AR、VR 技術的發展方向，是透過互動設備讓使用者與虛擬或現實環境進行即時互動。5G 將滿足遠距多人協力設計、虛擬工廠操作培訓等工業 AR、VR 應用的需求，增強使用者與使用者、使用者與環境之間的互動體驗。

(3) 使工業 AR、VR 終端更加輕便、價格更低

工廠環境複雜多變，VR、AR 設備要具備一定的靈活性和輕便性。基於 5G 技術，VR、AR 終端可以將資料和計算密集型任務轉移到雲端處理，僅在終端保留連線和顯示功能。這樣一來，VR、AR 設備的造價將大幅降低。

隨著與製造業融合程度的加深，5G 不僅會改善生產過程，還將帶動一系列革命性的新產品、新技術、新模式在製造業中普及並應用。在 5G 時代，製造業智慧化更新將更為快速、全面和深入，以 5G 為核心的融合創新，將製造業的發展提供強進的動力。

第 4 章　5G+ 工業網路，如何撬動製造業龐大產業鏈市場

4.3　巨量連線：5G 加持工業網路能提升 3 兆美元 GDP？

美國通用公司在 2013 年提出了工業網路的概念，並將工業網路定義為：「將工業網路定義為智慧的機器，加上分析的功能和移動性。」

如果說消費網路就是透過手機這樣的通訊設備進入網路，實現社交、上網、支付等功能的話。那麼，工業網路就是要把機器設備裝上感測器，將收集到的資料透過通訊的模組傳輸到雲端運算平臺，透過運算分析產生智慧資料，實現人機互動和機器管理。

工業網路的理論提出已久，並且一直在完善和發展。5G 的到來對工業網路的發展產生什麼正向作用呢？在解答這個問題之前，我們先來了解什麼是工業網路。

4.3.1　什麼是工業網路

工業網路是「工業網路是全球工業系統與高級運算、分析、感應技術以及網路連線融合的結果。」它包括「兩大連線場景 + 三大作業循環 + 四大應用模式」。

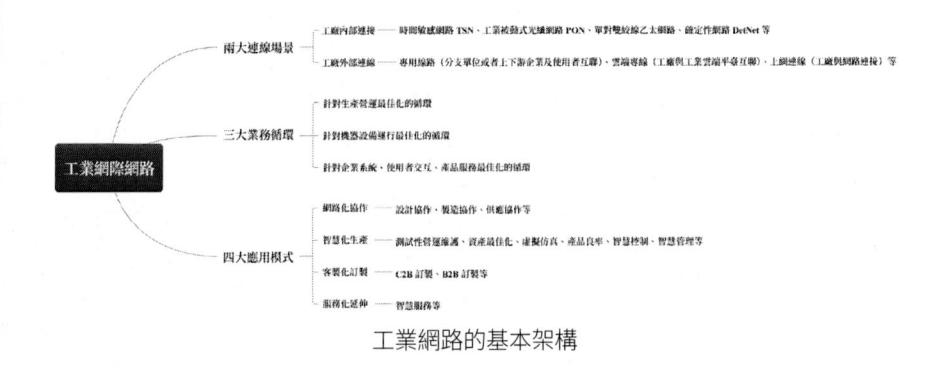

4.3 巨量連線：5G 加持工業網路能提升 3 兆美元 GDP？

```
                        ┌ 工廠內部連線 ── 時間敏感網路 TSN、工業被動式光纖網路 PON、單對雙絞線乙太網路、確定性網路 DetNet 等
              兩大連線場景┤
                        └ 工廠外部連線 ── 專用線路（分支單位或者上下游企業及使用者互聯）、雲端專線（工廠與工業雲端平臺互聯）、上網連線（工廠和網路連線）等

                        ┌ 針對生產營運最佳化的循環
              三大業務循環┤ 針對機器設備運行最佳化的循環
 工業網際網路            └ 針對企業系統、使用者交互、產品服務最佳化的循環

                        ┌ 網路化協作 ── 設計協作、製造協作、供應協作等
                        │ 智慧化生產 ── 測試性營運維護、資產最佳化、虛擬仿真、產品良率、智慧控制、智慧管理等
              四大應用模式┤
                        │ 客製化訂製 ── C2B 訂製、B2B 訂製等
                        └ 服務化延伸 ── 智慧服務等
```

工業網路的基本架構

1. 兩大連線

兩大連線是指工廠內和工廠外全面連接，工廠內網路主要採用有線連線，包括時間敏感網路 TSN、工業被動式光纖網路 PON、單對雙絞線乙太網路、確定性網路 DetNet 等。5G 的到來將讓工廠內的連線從有線變為無線，讓各種設備的部署更靈活。

工廠外部連線主要包括專用線路（分支單位或者上下游企業及使用者互聯）、雲端專線（工廠與工業雲端平臺互聯）、上網連線（工廠和網路連線）等。

2. 三大業務循環

三大業務循環包括：針對生產營運最佳化的循環、針對機器設備運行最佳化的循環、針對企業系統、使用者互動、產品服務最佳化的循環。

3. 四大應用模式

四大應用模式分別是：網路化協作、智慧化生產、客製化訂製和服務化延伸。網路化協作包括設計合作、製造合作、供應合作等；智慧化生產包括預測性營運維護、資產最佳化、虛擬模擬、產品良率、智慧控制、智慧管理等；客製化訂製包括 C2B 訂製、B2B 訂製等；服務化延伸包括智慧服務等。

4.3.2　5G 為工業網路加持

讓我們回到文章開頭，通用公司提出工業網路的概念後，就立即投資了 15 億美元用於工業網路建設。據他們的估算，如果工業網路能夠像消費網路那樣得到充分的利用，那麼到了 2030 年，工業網路將可以為美國經濟帶來 3 兆美元的 GDP 成長。這個預測真的可以實現嗎？

要想實現這樣的經濟成長，就要有大量機器連線，而這正是 5G 的一個重要的應用場景，我們又把它叫做低功耗大容量。為什麼一定要有大量機器連線呢？這是因為連線越多，覆蓋就越廣，用於採集分析的資料就越全面，越容易做到協作控制，生產效率就越高。

舉個例子，當我們在路上開車的時候，經常會遇到塞

4.3 巨量連線：5G 加持工業網路能提升 3 兆美元 GDP？

車，這是因為車輛開始起步時比較緩慢，還要一輛一輛地按順序啟動，這種低效率的啟動方式導致道路運作效率變低，最終形成塞車現象。

如果，當所有的車都聯網，那麼從理論上就可以進行協同操作，前車踩煞車的時候，後面的車也同時都踩下煞車，當前車啟動的時候，後面所有的車都同時啟動，運作效率就會大大提升，塞車也就不會發生了。但如果這一排車中有一輛車沒有聯網，那麼就做不到這種高效率的運作。因此我們可以說，在 5G 和工業網路的時代，連線決定了效率，連線決定了價值，連線也決定了工業網路的高效率的運作模式能否實現。而 5G 具有超強的連線能力，因此我們可以推斷 5G 加持的工業網路將大幅度提升生產效率，創造極高的經濟效益。

5G 加持工業網路的成功例子已經不止一個，美國大河鋼鐵廠就是其中之一，它藉助德國 SMS 最先進的特種鋼生產技術，並融合 AI 演算法，實現了智慧化的工廠。大河鋼鐵廠是世界上第一家 AI 學習型鋼廠，全場安裝了超過五萬個感測器，透過 5G 技術對廣泛分布的感測器進行資料採集，進行資料分析，使得企業可以利用不斷累積的即時資料來幫助鋼廠改善生產和維修。

大河鋼鐵現任 CEO 認為：「在過去，鋼鐵產業是 80% 的

第 4 章　5G+ 工業網路，如何撬動製造業龐大產業鏈市場

體力加 20%的腦力，而大河鋼鐵將 AI 技術和 5G 技術用於鋼鐵製造，是 90%的腦力加 10%的體力。」5G 加持工業網路，讓製造業更加智慧化，生產效率也將不斷提升。我相信。通用公司預測的「工業網路將可以為美國經濟帶來 3 兆美元的 GDP 成長」一定會實現。

4.4　循序漸進，提升企業生產力

史丹佛大學經濟史學家保羅・大衛（Paul David）在 1989 年的一本著作中稱：「大的創新往往需要數十年的時間，才能顯著提升每小時生產率的水準。」

事實的確如此，在湯瑪斯·愛迪生（Thomas Edison）於西元 1882 年實現點亮下曼哈頓區的壯舉之後，大概經歷了整整 40 年，才讓半數的美國工廠用上電力。

當時，就連美國最好的工廠的建築設計都不利於採用新的電力技術，他們只能利用群組驅動方式來運轉。這種驅動方式需要精心布置固定的滑輪和搖桿，把動力從中央動力蒸汽機或者水力渦輪機輸送到遍布工廠的各臺機器。

為了避免能源的浪費和中斷，共同驅動的傳動軸長短必須有所限制，因此最好的辦法就是讓工廠垂直分布，從上到下，每一層都有一個通道，各層的一個傳動軸，每根都能帶動一組或者多組的機器。受軸柄長短的限制，當時即使能用大型馬達代替現有的驅動軸柄，也不可能大幅度提升勞動生產率。

後來，企業主們逐步的意識到電力的潛力，由於電力可以為每臺機器配備專用的小型馬達，占地巨大的平房式的廠

第 4 章　5G+ 工業網路，如何撬動製造業龐大產業鏈市場

房成為潮流。這時，在這些廠房中，機器可以來回擺放，以實現高效率的、最便捷的材料運輸。

然而，放棄已有的城市廠房搬遷到空間更大的郊外，是資金高度密集的緩慢過程，這也是美國電氣化的過程需要數十年的原因。不過，配備了馬達的數百萬英畝的平房式的廠房，最終遍布美國中西部的工業區，每小時生產率也開始大幅的提升。因此，而資訊科技革命從開始到能夠顯著的提升勞動生產率，也必然需要一個實實在在的實現過程。

美國勞動生產率在 1996 年開始重回高成長，是因為 1996 年前後發生了四起代表性的事件，第一件是美國瀏覽器公司 Netscape 成功上市，第二件是微軟旗下的 Windows 95 大獲成功，第三件全球資訊網（WWW）技術超越了 Telnet 成為最主流的網路應用，第四件是網路逐漸進入爆發期。

這些事件絕不是巧合，它們與勞動生產率的提升是一種因果關係。一方面，網路瀏覽器和 Windows 作業系統降低了電腦使用的門檻，使之在教育科學研究機構、工廠、公司家庭逐步普及；另一方面，網路大大提升了溝通的效率，最終使得勞動生產率連續十年保持了快速成長。

2005 年後，美國勞動生產率成長率五年平均值從 3.1% 回落到了 1.6%，基本回到了網路革命前的水準，這是否意味著網路提升勞動生產率的故事已經結束了呢？

4.4 循序漸進，提升企業生產力

我們的答案是否定的，我認為這只是傳統網路對勞動生產率提升的結束，而新的行動網路提升勞動生產率的效果尚未顯現。

行動網路的兩個最大特點就是去中心化和縮短路徑，將隨著 5G 的到來，它將加快推動生產力發展的腳步。未來生產力的發展主要體現在以下四個方面：

第一，產業將變得越來越模糊。

過去，傳統產業有很多的分工，但是隨著行動網路的興起，現在很多分工的界線將會被打破，前面已經提到了網路的兩個重要特徵，就是去中心化和縮短路徑。5G 必將使這一趨勢進一步深入和細化，路徑的縮短使得資訊不對稱減少很多，過去依賴於資訊不對稱存在的仲介服務行業可能會面臨著被替代的風險。

旅遊業中自由行的比重越來越高，原因除了人們的客製化需求越來越強以外，分享的便利性也使得很多對於旅遊目的地熟悉的人，能夠在網路上分享自己對景點和食宿地點以及交通條件的評價，從而使得沒有去過這些景點的人們，也能夠在出發前對旅遊目的地的情況瞭如指掌。作為傳統旅遊仲介的旅行社和現代的導遊的依賴程度就會大幅度的減少，與此同時，也催生了線上旅遊服務的新產業。

第二，產業內部的傳統業務模式也將發生重構。

第 4 章　5G+ 工業網路，如何撬動製造業龐大產業鏈市場

這方面最典型的例子就是計程車行業，大家可能對共享乘車服務還記憶猶新，隨著使用者快速增加，網路叫車服務也迅速發展，傳統計程車行業也因此被重構。

首先，由於網路叫車服務具有天然的 O2O 特徵，線上服務和線下需求可以迅速的形成循環，網路叫車車輛的使用效率得到了提升，由於司機可以知道哪裡有人用車，以及目的地等資訊，使得空駛率大為下降。

其次，在網路叫車出現之前，客戶只能透過路邊揚手招車或者電話叫車的方式來叫車，而叫車效率並不高，網路叫車出現後，不僅提升了客戶叫車的效率，還可以提供預約用車的客製化服務，使用者的客製化需求就得到了滿足。

最後，在網路叫車業務線上線下融合的過程中，平臺提供者還獲得了客戶的流量，這是網路世界中最寶貴的資源。平臺可以將流量轉化為不同的商業價值，比如說租車收入的抽成，加值服務的收益等等。

第三，生產者和消費者的界線變得越來越模糊。

網路為客製化需求提供了可能。消費者不再是產品和服務的被動接受者，未來類似於私人訂製的客製化生產將在各個領域越來越常見。3D 列印技術等新技術的應用與發展，將使得工業領域的低成本，小規模客製化的彈性生產成為可能。

4.4 循序漸進，提升企業生產力

第四，社會資源的流動和組織形態可能發生重大的變化。

城市本來就是工業化的進程中，為了滿足大量工人的生活配套而出現的，當前很多大型城市的規模已經達到了環境資源所能承受的極限。對於城市內的居民來說，高房價和高流量交通的堵塞也是難以承受的高成本，而房價高和交通堵塞的根源還是由於資源過於集中在城市的中心地帶。

然而，資源和人的流動是相互關聯的。如果未來行動網路在生產領域的應用，能夠使得人們自主決定工作地點和工作時間，那麼人們就無需聚集到城市的中心去辦公，整個資源的流動性也會發生深刻的改變。

此外，行動網路技術的發展也會使遠距醫療和線上教育得到普及。大城市在醫療和教育資源方面的優勢也將被慢慢的削弱，長遠來看，大型或者超大型城市的資源，特別是土地資源的價格也可能會逐步的受到衝擊，由此我們可以預見，由於其所帶來的產業網路的應用。移動互聯的力量必將是傳統工業製造業的生產力。

第 4 章　5G+工業網路,如何撬動製造業龐大產業鏈市場

第 5 章
5G 金融盛宴開啟，
金融產業如何才能分一杯羹

　　5G 對金融科技的加持開啟了智慧金融的新引擎，不僅推動了金融機構的智慧化轉型，更促進了金融服務的多樣化、智慧化、無邊界化發展。金融機構應該把握契機，積極推進 5G 應用，提升服務水準和風險管理能力，贏得更多客戶。

第 5 章　5G 金融盛宴開啟，金融產業如何才能分一杯羹

5.1　5G，開啟智慧金融新引擎

　　任何行業的發展都離不開科技，金融產業同樣如此。金融科技是近幾年比較熱門的概念之一，它是指大數據、雲端運算、區塊鏈、人工智慧、行動網路等新一代 IT 技術在金融領域的發展和應用。隨著 IT 技術的進步，金融科技也經歷了三個發展階段。

　　我把第一個階段稱為金融 IT，在這個階段裡，IT 技術的軟硬體應用，幫助金融產業實現了辦公自動化和業務數位化，提升金融業務的效率。銀行等金融機構中的核心系統、授信系統、清算系統等都是金融 IT 階段的產物。

　　第二個階段是網路金融，在這個階段，金融業利用網路和行動終端搭建線上業務平臺，實現了資訊共享和業務融合。網路基金、P2P 網路借貸、網路保險等都是典型的網路金融產品。

　　第三個階段是金融科技 3.0 階段，在這個階段，金融業透過大數據、雲端運算、人工智慧、區塊鏈等新技術，來解決風險計費方式、投資決策過程、信用仲介角色和金融資訊蒐集來源等傳統金融的痛點，大幅提升了金融產業的效率。金融科技 3.0 階段的代表性應用有大數據徵信、智慧理財顧問、供應鏈金融等。

5.1　5G，開啟智慧金融新引擎

隨著 5G 網路的成熟，IT 技術將進一步發展，金融科技必將向著更加智慧化的方向前進。那麼，這對整個金融產業來說意味著什麼呢？

5.1.1　5G 為金融業帶來的影響

總結起來，5G 給整個金融產業帶來了四個方面的影響。

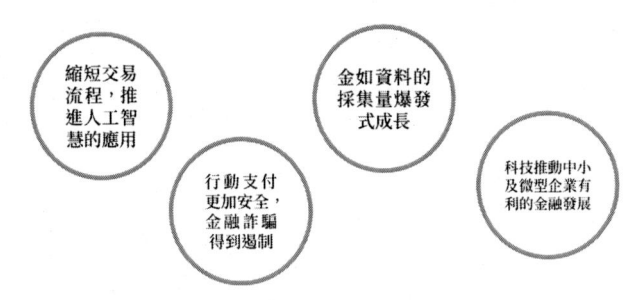

- 縮短交易流程，推進人工智慧的應用
- 金如資料的採集量爆發式成長
- 行動支付更加安全，金融詐騙得到遏制
- 科技推動中小及微型企業有利的金融發展

5G 為金融產業帶來的四大影響

1. 縮短交易流程，推進人工智慧的應用

我們都知道，5G 具有高速率、低延遲、大容量的特性，如果將這三大特性應用於金融產業中，必然能極大地提升交易效率，也能夠達到簡化交易流程的目的。同時，5G 技術可以推動人工智慧在金融產業中的應用。目前智慧理財顧問等 AI 應用已經出現並投入使用，有了 5G 的加持，AI 應用將在金融業中逐漸普及。

2. 行動支付更加安全,金融詐騙得到遏制

5G 為金融產業加持後,過去的互動延遲、網路堵塞、安全性差等現象將會徹底消失。行動支付將會變得更加安全和快捷,使用者也再也不必擔心交易高峰期的擁堵和延遲。而且,現存的假基地臺和號碼冒用等金融詐騙手段也將無所遁形。

3. 金融資料的採集量爆發式成長

5G 讓「萬物互聯」成為現實,網路上接入的終端裝置將呈現倍數成長,金融機構可以獲得的客戶資料也將快速增加。專業人員可以透過巨量資料,對企業和個人的經濟行為、基本特徵進行更準確地分析。金融機構的信用評級系統也將因此而發生變化,我相信未來的信用評級系統的範圍會更廣,可靠性和客觀性也會更強,資料造假也將被完全杜絕。

4. 科技推動中小微企業有利的金融發展

透過金融科技的發展,中小型及微型企業也可以享受相應的金融服務。面對中小微企業資質偏低、缺乏擔保品、融資困難、融資成本高等問題,金融科技是推動利於金融高品質的發展關鍵力量。5G 高效物聯網使得解決此類問題的金融終端得以快速發展。各大銀行都在積極導入金融科技,結合

人工智慧、雲端運算、大數據等前瞻技術,透過新的風險控管技術,對企業進行精準分析,實現便捷放貸。金融科技在降低中小微企業信貸客戶開發成本、提升貸款效率的同時,也降低了風險程度,使銀行壞帳率等指標明顯下降。

5G 的對金融產業的影響主要體現在這四個方面。當然,這只是我的預測,當 5G 真正深入應用到金融產業以後,說不定會帶來更多的創新和改善。

5.1.2　5G 在智慧金融中的應用價值

在本節的開頭,我提到一個觀點:金融科技向智慧化的方向發展。換句話說,未來的金融產業將進化為智慧金融。而 5G 正是推動智慧金融的重要力量,它具有提升使用者經驗、拓展應用場景、提升服務能力等三大應用價值。

1. 5G 提升使用者感受

當 5G 網路全面普及後,金融服務的使用者感受將得到巨大提升。這種提升分別展現在線上、線下兩方面。

首先,在 5G 時代很多實體業務將被搬到線上,使用者可以透過遠距互動系統辦理業務。尤其是在 AR、VR 技術和穿戴式裝置普及,現有的金融業務模式將徹底改寫,遠距金

融服務或許將成為成為主流。

其次,實體無人站點、智慧站點的數量將大幅增加,人工智慧、VR ／ AR、全像投影、生物辨識等技術將廣泛應用於實體站點。為使用者服務的將不再是人,而是各種智慧硬體設備,無人化和自助化是未來金融機構實體站點的發展趨勢。

未來,無論是線上金融服務,還是實體金融服務,都將實現「個人化服務」。因為,5G 技術提升了服務效率和回應速度,更多更細緻的客戶需求都可以被充分滿足。

2. 5G 拓展的應用場景

近幾年,銀行、證券、保險等傳統金融機構都在不斷地探索智慧行銷、智慧風控、智慧信貸、智慧投顧等前瞻技術。目的就是為了拓展金融業務的應用場景。

但是,4G 時代的運算能力和傳輸速度不僅限制了金融科技的發展,也阻礙了金融產品的更新。比如,受延遲的影響,金融機構風控品質難以提升,受運算能力影響,行銷產品的精準性有所欠缺。

5G 技術則打破了過去的限制,讓金融業務更精準、更即時。而且,5G 還拓展了金融產品的應用場景,過去相對獨立的金融服務將與家居、賣場、醫院、學校、汽車等生活場

景無縫銜接,金融服務將變得無處不在。比如,醫療機構、金融機構與使用者可以實現三方互聯,醫生透過穿戴式裝置了解使用者的身體狀態,而金融機構則可以結合醫療資料、使用者資料等資訊,為使用者提供提供支付、保險、借貸等服務。

在不遠的未來,5G 將最大限度地拓展金融產業的業務邊界,並推動智慧金融向更深、更廣的領域發展。

3. 提升服務能力

5G 時代到來後,會有更多智慧終端出它們產生的資料量將遠超過去,這將為智慧金融發展提供更豐富的資料依據。此外,5G 將加持雲端運算技術和邊緣運算技術,提升資料處理和分析的效率。這樣一來,金融機構的服務能力將得到提升。使用者將獲得更方便、更快捷、更安全的金融服務。

5G 對金融產業的影響是廣泛而深遠的,也許整個產業的生態都將發生變化,金融機構應該做好迎接挑戰的準備。但是,身為一名普通消費者,我期待著智慧金融帶來的便捷體驗和創新服務,也期待著智慧金融為生活和社會帶來的改變。

5.2　5G 時代的金融服務是無邊界的

在 4G 時代，行動網路的發展帶動了網路金融的蓬勃發展，越來越多的人選擇用手機辦理金融業務。

而 5G 的到來，則意味著行動網路服務會變得更加發達，金融服務也會隨之發生變化。我們都知道，5G 會催生出越來越多的智慧終端，人們不僅可以在手機上辦理金融業務，甚至還可以透過智慧手錶、智慧眼鏡、智慧手環等智慧行動終端來辦理金融業務，因此，5G 時代的金融服務必然是移動的。

行動化只是金融服務的未來發展趨勢之一，在 5G 時代，金融服務還會向著下沉、無邊界的方向發展。

5.2.2　金融服務的未來發展趨勢

未來的金融服務有三大發展趨勢，它們分別是：行動化、下沉化和無邊界化。行動化很好理解，只要你用手機辦理過銀行業務就能理解金融服務的行動化，我在這裡就不再贅述了，只重點和大家談談下沉化和無邊界化這兩大趨勢。

5.2 5G 時代的金融服務是無邊界的

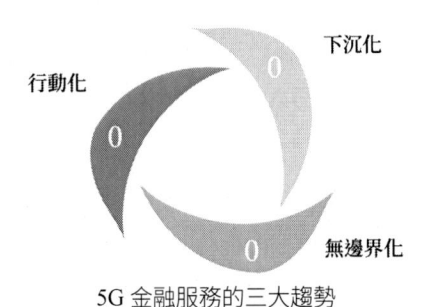

5G 金融服務的三大趨勢

1. 下沉化

生活在城市中的人，可能習慣於享受便利的金融服務，但在金融設施無法徹底普及的鄉間地區，很多人鮮有機會享受正規的金融服務。尤其是一些偏遠地區族群、低收入族群和弱勢群體，他們獲取金融服務的成本比一般人高上許多。而 5G 時代到來後，優質的金融服務將惠及這部分族群，並覆蓋到從未接受金融科技服務的使用者，我們把這種趨勢叫做金融服務下沉化。

那麼，金融服務的下沉是怎樣達成的呢？

首先，5G 技術可以大幅度降低設備的功耗，金融機構可以鋪設更多的設備和站點，讓金融服務設備深入到城市以外的地方。設備的續航時間也會變得很長，維護成本將大大降低。

其次，5G 的低延遲可以支援遠距金融服務和虛擬金融服

務，即使再偏遠的地區，只要有 5G 網路，人們就能接受金融服務。很多站點也可以真正做到無人，金融機構的人力成本將大大降低。

2. 無邊界化

5G 時代的金融服務是無邊界的，因為各大金融機構會推出更加智慧化的 App，而這些 App 可以安裝在各式各樣的終端上。比如汽車、冰箱、手錶等。這樣一來，人們就能隨時隨地地辦理金融業務了。因此，5G 時代的金融服務可以打破時間和空間的界限。

5G 時代的金融服務可以在各種場景中發生，金融服務將不再專屬於金融機構。而金融機構也會以此為契機，與其他產業展開跨界合作。

5.2.2　5G 時代的金融服務場景

關於未來的金融服務，我們有很多美好的想像，我認為以下幾種場景是不久的將來一定會實現的。

1. 遠距行員

遠距行員可以藉由 5G 網路傳輸的高畫質即時影片來達成。這項服務可以使使用者能夠在不前往實體站點或足不出

戶的情況下，獲得客製化的服務。無論是在手機上，還是在智慧 ATM 櫃員機上，只要有 5G 網路，使用者就能得到遠距的服務。

2. 穿戴式裝置

5G 時代，穿戴式裝置將會更多地應用於金融服務。現在人們可以透過穿戴式裝置完成行動支付，未來還會有更多的金融業務可以透過穿戴式裝置完成。

穿戴式裝置依賴生物辨識資料，然後使用者每一次訪問設備時，都要掃描指紋。雖然這種方式也能在一定程度上保證使用者的資料安全。但在 5G 時代，生物辨識技術會更先進，穿戴式裝置可以辨識面部表情、虹膜、甚至可以透過使用者的操作規律來進行辨識。因此，金融機構可以提供為使用者多重身分驗證，以達到更高強度的帳戶資訊安全保護。

3. 資料收集

5G 應用可以從使用者那裡收集穩定的資料，這些資料不僅有助於保護使用者帳戶安全，還可以做很多其他的事情。比如，藉助 5G 低延遲特性收集到的即時支付資訊和位置資訊，可以為 AI 個人銀行服務鋪路。而且，使用者資料還可以呈現使用者的偏好和特性，金融機構可以根據這些資訊為使用者提供合理的理財建議。

4. 自動化財富助理

　　自動化財務助理可以幫助使用者管理自己的收入和支出，更妥善地運用自己的財富。對一般人來說，財富助理可以在使用者買電影票時提醒他們每月娛樂預算的金額，或者在使用者逛超市時提出省錢新方法，在使用者網購時自動為他們獲取優惠券，並計算出最佳優惠組合。對於那些擁有龐大資產的人來說，財富助手可以為他們提供投資建議，幫助他們管理各種基金、保險和不動產。

　　5G 技術在金融領域的應用不僅使使用者受益，金融機構也可以建立更高效能的後臺系統，提升整體營運效率，並為使用者提供更快、更好的服務。

5.3　5G 到來，消失的不只是 QR Code

最近，有一種觀點認為：5G 進入金融領域後，首先受到衝擊的將會是支付產業。而且，支付產業將被重塑，QR Code 甚至會消失。當 5G 與生物辨識技術結合以後，將會誕生出許多新的支付手段，比如微表情支付、虹膜支付、聲紋支付，甚至腦波支付等。

怎麼樣，你是不是很期待這些新奇的支付方式呢？事實上，5G 對金融業的改變遠遠不止支付環節。

在本節中，我將從客戶開發、風險管理、營運、智慧科技這四個層面來為大家詳細分析金融產業的四大變革趨勢，以及應該怎樣應對這幾個變化趨勢。

5.3.1　金融產業的四大變革趨勢

在金融產業中，辨識風險、獲取客戶是最重要的的兩項任務，5G 將在客戶開發、風險控制、營運和智慧科技這四個方面為金融產業加持，而這也是未來金融產業的發展方向。

第 5 章　5G 金融盛宴開啟，金融產業如何才能分一杯羹

客戶開發
主陣地將發生轉移

風險控制
資訊提升風控水準

營運
虛擬客戶比重增加

智慧科技
資料處理難度增加，人工智慧面臨挑戰

未來金融產業的四大變革趨勢

1. 客戶開發：主陣地將發生轉移

在金融產業中，支付是最大的客戶開發環節，因為它發生的頻率最高。目前人們越來越依賴手機支付，但當萬物互聯的時代到來以後，人們將擁有更多的智慧終端，並擺脫對手機的依賴。

我們可以設想一下，未來會出現什麼樣的智慧行動終端？它是否能夠取代手機的位置？不過，毋庸置疑的是，手機將不再是唯一的行動支付終端，金融產業的客戶開發主陣地必將發生轉移。

5.3　5G 到來，消失的不只是 QR Code

目前，已經有不少智慧 5G 終端廠商正在與金融科技公司合作，共同探索新的支付場景和支付手段，更新後的新智慧終端將會是新的流量入口和金融客戶開發的主陣地。

2. 風險控制：資料提升風險控制水準

隨著 5G 設備和 5G 應用的投入使用，金融產業蒐集資料和資訊的能力會越來越強，這些資訊和資料能幫助金融機構有效控制風險。

比如，在車險的車損鑑定業務中，已經不一定需要保險理賠員去現場查勘了，只需要客戶圍著車子拍幾張照或者一段影片，保險公司就能透過 AI 影像分析系統辨識出車子的損傷程度、所需配件、配件價格和購買方式等，這是保險業中的智慧保險理賠評估。但是，目前的智慧保險理賠評估系統仍不夠完善，保險詐欺事件依然頻發。只有 5G 才能徹底解決這個問題，我們可以在車輛上安裝感測器，並透過 5G 網路即時傳輸車輛損傷資訊，保險公司可以利用資料還原事故現場，讓保險詐欺無所遁形。

再例如，前面提到的，科技推動中小微企業有利金融發展。由於一般銀行對中小微企業貸款傾向於不動產抵押，且小微企業經營資料不易蒐集，所以，這些企業的貸款一直是金融產業的一個痛點。進入 5G 時代後，小微企業的生產、

銷售、運輸等資料都可以透過 5G 網路即時傳送，金融機構在做風險評估時也會有更多依據。

在 5G 加持下，智慧終端將實現更高效的資料探勘，對小微企業進行精準描繪，以資料連結資金流、資訊流、物流，更快速、精準地解決上下游客戶資金需求，破解小微企業融資難題，降低資金使用風險，實現資金流的高效利用。

3. 營運：虛擬客服比重增加

在 5G 時代，金融機構中將會出現更多的虛擬客服。消費者甚至可以訂製自己喜歡的客服形象，比如在法律允許的情況下，用偶像或明星的全像投影形象來作為自己的專屬客服。

有了虛擬客服，使用者不必再到專門的金融機構站點去辦理業務，咖啡店、賣場、餐廳等地點都可以成為金融服務場景。總地來說，5G 時代的金融服務將更加客製化，也不再受到時間和空間的限制。

4. 金融科技：
資料處理難度增加，人工智慧應用面臨挑戰

5G 的到來，讓原來無法蒐集和儲存的資料變得可以蒐集和儲存了，金融產業中會因此誕生大量非結構化資料（不規則、不完整，沒有預定義的資料）。非結構化資料的增加提升

了資料處理的難度，其複雜性也會成為金融產業中 AI 的最大阻礙。

AI 需要足夠的學習和訓練，才能投入使用。但是在實驗室環境中，AI 也許能訓練出穩定的結果，但面對複雜的實際業務場景和大量的非結構化資料，人工智慧能不能達到預期的效果，還是個未知數。因此，非結構化資料的暴增，對金融科技部門來說是一個重大的挑戰。

以上是金融產業在 5G 時代的四大發展趨勢，下面我們來看看金融機構應該如何應對這些趨勢。

5.3.2　面對變革趨勢，金融機構該如何應對

面對上述四大發展趨勢，可以從以下兩個方面做好準備，以應對 5G 智慧金融的到來。

首先，要做好資料平臺更新的準備，加強對新型資料的整合、分析能力，保證新型資料在傳輸、儲存、使用過程中的安全性。

5G 時代到來後，各大金融機構得系統中都會產生大量非結構化資料，這就要求金融機構有強大的資料儲存能力。換句話說，金融機構必須先做好基礎設施和安全保障，才能順利迎接 5G 的到來。

第 5 章　5G 金融盛宴開啟，金融產業如何才能分一杯羹

其次，金融機構要開始對智慧金融進行試用，比如小規模投入一些新業務模式和風險控管模式。金融機構可以和 5G 智慧終端廠商合作，進行智慧金融小規模試營運，在原來覆蓋不到的、傳輸速率很慢的地方，進行智慧金融場景實驗，並在探索中創新。

在 5G 普及之前，金融機構必須先練好內功，盡量做到萬事俱備，才能乘上 5G 這股東風。

5.4　5G 加持金融機構，深化智慧轉型

從 1G 到 5G，通訊技術的發展史，就是金融機構數位化轉型的歷史。通訊技術的每一次更新疊代，金融產業都會隨之產生一些變化。

1G 時代 (1980 年代)，透過電話進行的基本金融服務開始萌芽；2G 時代 (1990 年代)，銀行開始提供簡訊服務；3G 時代 (2000 年代)，行動銀行服務開始出現；4G 時代 (2010 年代)，行動支付開始普及，基於行動網路的智慧銀行模式進一步加快發展和創新。

而到了 5G 年代 (2020 年代)，運用了人工智慧、大數據、雲端運算、生物辨識等前瞻科技的的智慧金融已經成為金融產業的必然發展趨勢。因此，各大銀行各金融機構也正在積極開展智慧化轉型。

5.4.1　5G 推動金融機構的智慧化轉型

2019 年伊始，各大銀行各金融機構就開始積極布局「智慧金融」策略，將網路化、資訊化、開放化、智慧化作為智慧轉型的主要目標。多家銀行都在在金融服務方面進行了大量的嘗試和創新。

第 5 章　5G 金融盛宴開啟，金融產業如何才能分一杯羹

在業內人士看來，雲端運算、邊緣運算、大數據等技術，將會在 5G 驅動下得到快速發展和應用，受它們影響。金融產業的的底層架構、表現形式、服務效率也將發生巨大的變革。

因此，除了推出新型 5G 智慧站點和無人銀行，還有一部分金融機構開始進行組織架構調整，各大金融機構中的的數位銀行部也開始向數位金融和智慧金融部門轉型。在 5G 全面普及之際，越來越多的金融機構開始著手智慧化轉型，並進行了大刀闊斧的改革。

5.4.2　金融機構轉型趨勢：5G 智慧站點

隨著網路的發展，金融機構與客戶的接觸點越來越多元化，網路銀行、行動銀行、線上證券等各種虛擬管道層出不窮。線下實體站點的作用逐漸被弱化了。但是，5G 技術的出現讓金融機構線下站點有了新的價值。

如果銀行、證券、保險公司等金融機構開始布局實體智慧站點，這對我們一般人來說是一個利多消息。有了智慧站點，我們無需工作人員的引導和服務，就可以快速地自助完成各項業務。對金融機構來說，智慧站點可以讓金融業務更安全、更快速。比如，基於 5G 的生物辨識技術可以精準辨

5.4 5G 加持金融機構，深化智慧轉型

識客戶身分，降低風險；多螢幕互動和物聯網技術讓客戶自助辦理各種類型的業務，節省了人力資源；遠距高畫質影片技術能為客戶提供遠距「一對一」服務，讓金融服務突破交易媒介、時間和空間的限制，拓寬了客源和服務範圍。

「智慧化」和「無人化」，聽起來似乎很高級，彷彿離我們的生活很遠，但是 5G、物聯網、雲端運算等技術的進步讓智慧站點、無人站點有了實現的可能。金融機構 5G 智慧站點涉及的技術包括：生物辨識、人工智慧、物聯網、全像投影、VR／AR、大數據等新科技。而這些高科技將應用於站點內的迎賓辨識、互動體驗、展示銷售、業務辦理等服務，為客戶提供智慧化的客戶服務。我認為，金融機構 5G 智慧站點，尤其各大銀行的 5G 智慧網點將真正地讓一般人享受到科技發展的豐碩成果。

不過，距離 5G 智慧站點的普及還有很長的一段路要走，因為金融業務涉及大量資金和重要資料，5G 智慧站點必須保證資金交易和資料傳輸的安全性，所以，必須保證相關技術的成熟性和安全性才能加以應用。

金融機構的智慧化型勢在必行，誰能搶先利用 5G 最佳化服務模式、提升服務品質，誰就能在變幻莫測的金融市場脫穎而出。或許，兼顧基礎設施層面的「硬實力轉型」和營運層面的「軟實力轉型」，會更有助於金融機構在 5G 時代致勝。

第 5 章　5G 金融盛宴開啟，金融產業如何才能分一杯羹

【焦點問答】

金融機構如何推進 5G 技術應用

4G 時代，行動網路的迅速發展，和人工智慧技術的推廣，成就了網路金融的繁榮，金融機構的服務方式也隨之發生了變化，很多傳統金融機構在這次變革中通過了考驗，迅速調整了自己的營運方針，積極擁抱了行動網路。那麼，在 5G 時代來臨之際，傳統金融機構又該怎麼做，才能保證自己不脫隊、不落伍呢？

我認為，傳統金融機構在推進 5G 應用時，應做到「策略上積極主動，戰術上審慎穩妥。」

首先，金融機構應該在策略上主動布局 5G，要轉變思維，跳出傳統服務模式的限制，要在 5G 的加持下重塑自己的業務模式。還要學會藉助外力，積極尋求外部合作，因為在 5G 時代，封閉的經營發展策略只會讓自己走進死巷子，只有跨界合作、互利雙贏，才能走向更廣闊的舞臺。

其次，金融機構在對待 5G 應用時應保持審慎的態度，在將 5G 應用到實際業務前，必須要進行充分的調查和論證。金融機構在推動新應用和新服務時，不僅要充分了解使用者的需求特性和市場環境，還要充分考慮自身實際情況和能力，只有這樣才能找到最適合的自己的創新方式。

5.4 5G加持金融機構，深化智慧轉型

- A 策略上積極主動，重塑業務模式
- B 戰術上審慎穩妥，堅守安全底線
- C 不完全依賴新技術，結合自身優勢

金融機構推進5G技術應用時應掌握的原則

此外，金融業務不能完全依賴新技術，還要結合自身的優勢。比如，漁農會金融單位扎根該產業主要發展地區，具有地緣和人緣優勢，那麼它在推進5G應用時就要充分考慮自己的目標使用者和地域特性，在堅守自身優勢的基礎上，將業務和5G應用進行結合。

最後，我想說的是，由於金融產業具有其特殊性，各大機構在推進5G應用時必須要堅守安全底線。相比現有的行動通訊系統，5G網路接入的使用者和設備數量會呈倍數的成長，網路安全風險也會隨之增加。所以金融機構在發展5G應用時，必須加強風險管理，構築牢固的金融安全防火牆，嚴防新技術帶來的各種風險。

5G時代已經到來，金融機構只有順勢而為，才能在競爭無比激烈的市場中的占據一席之地。與此同時，金融機構要審慎對待新技術，在推進5G應用前要經過嚴格論證，運用5G技術時也要嚴格把好安全關，只有這樣，才能讓5G在金融產業中發揮出應有的正面作用。

第 5 章　5G 金融盛宴開啟，金融產業如何才能分一杯羹

第 6 章
智慧 5G，
各行各業如何借 5G 風潮轉型

　　5G 就像一架引擎，能夠為各行各業進行加持，為產業的發展提供動力。5G 加持醫療產業、家居產業、物流產業、城市管理，催生出了智慧醫療、智慧家庭、智慧物流、智慧城市，這些智慧化產物將深刻地改變我們的生活。5G 深入行業和社會，不僅讓人們的生活更美好，也為行業的轉型提供了機會。

第 6 章　智慧 5G，各行各業如何借 5G 風潮轉型

6.1　智慧醫療：遠距操控手術不再是夢

醫生透過遠距操控，為遠在千里之外的病人做手術，這在過去是無法想像的，但是在 5G 的加持下，遠距手術已經不再是夢。

目前已經有多件使用 5G 遠距手術的成功病例，操作手術的醫師表示，感受不到病患的距離竟有上千公里之遠。操作的醫師之所以有這樣的感受，是因為 5G 網路的低延遲、高可靠特性為手術提供了穩定可靠的通訊保障，讓醫師可以即時、精準地操控手術設備，這是過去 4G 網路無法做到的。

未來，還會有更多這樣的遠距手術，專家們可以直接為距離遙遠的患者進行手術，提供更高水準的醫療服務。

5G 在醫療產業的應用，不僅讓遠距手術成為現實，也開啟了醫療資源配置、醫療方式的新視野，讓行業、患者和醫療機構都從能從中獲益。

6.1.1　產業：資料資源整合，提升效率

5G 帶來的一大便利之一，就是提升機器的運算能力和處理資料的效率，在醫療產業中，這意味著醫療資料資源會被

整合，醫療效率將大大提升。5G 時代，醫療產業的資料資源整合主要體現在以下三個方面。

1. 醫療終端資料共享

在傳統的醫療模式中，患者的病例只保存在就診醫院，如果患者需要到異地就醫，就需要重新檢查，這不僅浪費了患者的時間和金錢，也占用了寶貴的公共醫療資源。如果能實現醫療終端的資料共享，各個醫院之間就可以無障礙地調閱患者的過往病例，為患者就醫和醫生診斷帶來極大的便利。

因此，我預測未來的電子病歷系統將更加完善和安全，醫生可以透過高速、穩定的 5G 網路快速查閱異地病例，上傳患者資訊，並利用共享資訊進行異地會診。而且，5G 網路的安全性也杜絕了電子病歷被竄改的可能。雖然，目前現有的電子病歷系統還有資訊不完整、安全性不夠強、影像格式不一、資訊安全疑慮等弊端，但我相信未來的 5G 應用一定能夠使這些問題得到解決。

醫療終端資料共享不僅方便了患者和醫生，還可以為醫學院就提供依據。總之，流動的、能夠被使用的資料才是有價值的，而 5G 可以讓醫療終端上的龐大資料重新流動起來，並在流動中發揮出最大價值。

- 資訊不完整
- 安全性不足
- 影像格式不一
- 有隱私洩漏風險

現有電子病歷系統的主要弊端

2. 形成醫療資料庫

在 5G 技術的加持下,醫療產業將建立並運行強大的醫療資料庫,5G 技術的高速率和大頻寬保證了醫療資料庫的高速運轉,人們可以安全而快速地訪問、下載和上傳資料。

醫療資料庫的建立可以為患者提供諸多方便,首先患者可以直接線上訪問醫療資料庫中的電子病歷,了解自己的就醫流程。其次,患者可以透過醫療資料庫獲取發更多與自己病情相關的資訊,比如醫囑和其他患者的分享,這些資訊能為患者的治療和後期護理提供幫助。

3. 生成智慧醫療方案

5G 在醫療領域的應用，將會推動智慧醫療設備的發展。遠距醫療感測器將會在 5G 時代得到普及，患者在家中佩戴感測器，就能將自己的各項資料即時傳輸給醫生，醫患之間的交流將會變得更加簡單、有效。

除了遠距醫療感測器以外，人工智慧也將在智慧醫療領域大放異彩，5G 與人工智慧的結合，讓智慧診斷、智慧醫療方案成為可能。很多人可能會對人工智慧診斷的準確性產生懷疑，但我要告訴你的是，醫學是一門非常嚴謹的科學，需要大量的依據才能做準確的診斷。而 AI 具有強大的認知能力，可以深度學習大量醫學文獻和病例，並幫助醫生分析資料，為最後的診斷結果提供更多的依據和支撐。因此，在 AI 的輔助下，診斷結果一定會更準確、更高效。

6.1.2　機構：更多智慧醫療方式

5G 的到來對機構來說意味著更多的智慧醫療方式，比如遠距醫療、醫療機械聯動、全電子化流程等。下面，我們就來具體了解以下這些即將全面普及的智慧醫療方式。

第 6 章　智慧 5G，各行各業如何借 5G 風潮轉型

```
    A              B              C
 遠距醫療      醫療器材        全電子化
               聯動            流程
```

5G 智慧醫療方式

1. 遠距醫療

遠距醫療可以打破時間和空間的限制，即使醫生和患者分處兩地，他們也可以藉助終端設備和電子病歷中的資料，來完成就醫和診療活動。對於那些需要急救的患者，遠距醫療就是一根「救命稻草」，本節開頭提到的遠距手術就是遠距醫療的成功範例。

其實，遠距醫療並不是一個新鮮事物，它在很早以前就已經出現了。但是，過去的網路傳輸速度不足以支撐精確、安全的遠距治療，因為 4G 網路不僅有延遲，而且不夠穩定。如果在 4G 網路下進行遠距治療，醫生看到的畫面可能是 1 秒之前的，而醫生回饋的資訊也會發生延遲，這樣一來二去，就有可能會耽誤患者的治療。因此，在 4G 時代，遠距醫療沒能發揮出它應有的作用。

有了 5G 網路以後，遠距醫療的延遲問題得到了解決，醫生可以和患者即時互動，而且傳輸畫面更加高畫質，醫生

的治療和診斷也會更加精準。此外,遠距醫療還可以對患者的手術預後和康復治療提供幫助。

2. 醫療器材整合

醫生在為患者診斷和治療的過程中,需要用到一些醫療器材,比如外傷處理車、麻醉機、呼吸器、血液細胞分析儀、生化分析儀、超音波儀、X光機、核磁共振等。這些醫療器材中,很多都是獨立運作的,無法實現整合。

5G應用於醫療產業後,這一現象將被改寫,因為醫療器材也將向著智慧化的方向發展,醫療器材聯動也將前面運用到臨床醫療中。

時間就是生命,在災難和重大疾病面前,醫護人員的每一次救治都是在與時間賽跑,而5G醫療器材聯動能幫助醫護人員爭取更多時間,為患者帶來更多生的希望。

3. 全電子化流程

除了急救、手術等重大而緊急的醫療場景以外,5G技術還可以運用於普通就診環節。5G可以實現醫療就診流程的全電子化。比如,患者可以透過線上諮詢來初步了解自己的病情,然後再進行線上預約掛號,避免排隊的麻煩。在就診過程中,患者可以使用電子健保卡,並用電子健保卡完成掛號、繳費、報告查詢等動作。領藥流程也可以透過「線上繳

費、線下領藥」的方式變得更加快捷。

就診的全電子化流程不僅方便了患者，也可以降低醫院的營運成本，提升醫院的營運效率，還具有維護正常的醫療秩序的作用。

6.1.3　患者：看病更方便

「看病難、看病慢」是很多患者共同的煩惱，不僅掛號難、各項檢查也要花不受時間，很多患者形容自己的看病過程是「馬拉松式看病」。但是，5G 智慧醫療可以讓患者徹底告別這種低效率的看病方式。

首先，患者預約時間將大大縮短，問診、檢查、治療、開藥、繳費等環節都可以「一站式」搞定。有些慢性病甚至可以透過遠距醫療來調養，藥品也可以「送貨」上門，患者足不出戶就能接受治療。

其次，5G 智慧醫療可以為患者提供虛擬護理服務。患者治療期間，護理師的重要程度不亞於醫生，沒有護理師的精心照料，患者不可能順利康復。特別是一些重大疾病的治療，根本少不了優秀的護理師。但是，目前醫療產業仍是優秀護理師短缺的情況，所以需要虛擬護理服務來填補這個空白。在 5G 及時的支持下，虛擬護理系統可以高效地收集患

6.1 智慧醫療：遠距操控手術不再是夢

者的各類資訊，包括飲食習慣、生活作息、服藥情況、恢復情況等等。虛擬護理系統對這些資訊進行分析後，可以評估患者的健康狀況，並利用智慧化手段協助患者進行康復活動。

早在 2014 年，美國的 Sense.ly 公司就推出了一個虛擬護理師平臺，這個平臺上整合了醫療感測、遠距醫療、語音辨識和 AR 等多項技術，可以為患者提供先進的醫療服務。此外，Sense.ly 還推出了一位叫 Molly 的虛擬護理師，Molly 可以像蘋果的 Siri 一樣，透過手機、平板、電腦等終端設備與患者對話，並採集患者的資訊和資料，然後將這些資訊和資料傳輸給後臺的超級電腦 IBM Watson 進行處理。患者的資訊處理完畢後，超級電腦會生成相應地治療方案，虛擬護理師 Molly 會把治療方案傳達給患者，以提升患者的就醫率。醫生也可以透過這個平臺來了解患者的詳細情況。

我相信，5G 全面普及以後，像 Molly 一樣的虛擬護理師也會像蘋果 Siri 一樣出現在我們每個人的手機裡，時刻關注我們的健康狀況。在 5G 時代，智慧醫療將會挽救更所生命，為更多患者帶來希望。

5G 與醫療的結合是科技的進步，也是社會的福祉，更多的患者將得到更好的救治，更多的人將重獲希望。

6.2 智慧家庭：
「世外桃源 2.0」離你有多遠

你知道「1835 73rd Ave NE, Medina, WA 98039」這串字元代表了什麼嗎？

它是比爾蓋茲（Bill Gates）高科技湖濱別墅「Xanadu 2.0」（世外桃源 2.0）的地址。這幢興建於 1990 年代初、總造價超過 6,000 萬美元的別墅，總共鋪設了 42 公里長的電纜，這些電纜連線著世外桃源 2.0 的供電系統、光纖數位網路系統以及各種家電，它們共同為主人服務，滿足主人的各項需求。

儘管距今已經走過了二十多年的歷史，但如今，我們的智慧家庭依然只能實現「世外桃源 2.0」的部分功能。但隨著 5G 的全面普及，我相信，在不久的將來，這座承載了人類關於智慧家庭全部想像的「世外桃源 2.0」很快就會走進普通消費者的生活。

6.2.1　現階段的智慧家庭並不智慧

事實上，在科技不斷進步、智慧家庭行業發展突飛猛進的今天，在期盼更高水準智慧家庭的同時，我也始終思考著這樣一個問題：從「世外桃源 2.0」到今天的的智慧家庭，這

6.2 智慧家庭:「世外桃源2.0」離你有多遠

個行業的發展究竟是太快了,還是太慢了?

有人說,智慧家庭行業發展很快,當年比爾蓋茲花數千萬美元建造的設備,今天只需要幾千塊就能買到;也有人說,這個行業發展太慢,因為直到今天,智慧家庭產業仍然與消費者保持著疏離感,消費者對智慧家庭的態度也是「有更好,沒有也行」。

那麼,消費者真的不需要智慧家庭嗎?

我想,答案一定是否定的,應該沒有哪個消費者會拒絕像「世外桃源2.0」一樣的智慧家庭。而如今,之所以許多的消費者對智慧家庭沒興趣,恰恰正是因為現階段的智慧家庭還沒有達到他們的要求。

那麼,什麼才是消費者心目中理想的智慧家庭呢?

關於這個問題,我在網路上曾看到過的一篇關於未來智慧家庭的文章,應該可以回答:

「小A是最棒的智慧管家,它的主人是一個愛睡懶覺的普通上班族,小A每天早上的第一件事就是準時開啟臥室的窗簾,並催促主人起床。主人起床後,小A的工作也繁忙了起來,它首先要為主人準備好熱水、提醒主人吃早餐,還要查詢好今天的天氣並提醒主人帶傘,必要的時候還要幫主人叫一輛計程車。

第 6 章　智慧 5G，各行各業如何借 5G 風潮轉型

主人出門後，小 A 開始指揮掃地機器人、除溼機等工具開展大掃除，並檢查和關閉其他暫時不用的設備，等待主人回家。在主人下班前，小 A 會開啟冷氣、加溼器和燈光，檢查冰箱內的食品儲備，並貼心地將主人喜歡的音樂和電視節目推送到音響和電視機上。

晚飯時，主人喜歡和小 A 聊聊天，他們會一起探討最近上映的電影。小 A 還要向主人彙報最近的睡眠狀況和飲食狀況，並針對主人的情況提出改善飲食結構的建議，如果之人同意，小 A 就會在網路上下單購買食材。

吃完晚飯後，小 A 會為主人播放他喜歡的電視節目，或者陪主人玩幾局遊戲，並為主人準備好洗澡水。當主人進入夢鄉後，小 A 的工作還沒有結束，因為它還要留意門禁的開關，保護主人的安全。」

我想，這就是消費者心目中理想的智慧家庭。雖然，它距離「世外桃源 2.0」的智慧程度還有一段距離，但看起來已經非常棒了，起碼達到了智慧家庭最基本的要求。

按理說，按照如今的科技水準，實現這樣的場景似乎也並不困難。然而，就是這樣最基本的要求，如今的智慧家庭也很難實現。之所以會這樣，說到底，還是因為目前的智慧家庭並不夠智慧。

6.2.2　5G，讓智慧家庭真正變「聰明」

那麼，如何才能讓只能家庭變得「聰明」起來，實現真正的智慧呢？

從本質上來說，智慧家庭是物聯網資料的互聯互通，使用者可以透過視覺化的家庭環境資訊來規劃自己的生活，而智慧家庭則能夠透過對 AI 的深度運用，為使用者帶來自動化生活的感受。

這也就意味著，只有在物聯網的基礎上，再加上 AR、VR、AI 以及感測技術的應用，才能最終形成高品質的智慧家庭體驗。而這些技術的應用和普及，都離不開 5G 網路。

由此可以看出，只有 5G 才能真正讓智慧家庭變得更「聰明」！

從目前的智慧家庭的發展現狀不難看出，如今，我們的智慧家庭還無法做到獨立的人機互動，而只能透過智慧音箱來完成設備與設備之間的資訊交換，比如我們可以透過 HomePod 來控制冷氣、電視機等設備，但是卻無法用語音直接指揮這些家電。

並且，目前智慧家庭設備之間的通訊協定通常是 TCP 通訊協定，而 TCP 通訊協定的連線速度不僅比人的神經反應速度更慢，還需要三向交握（Three Way Handshake）才能建立連

第 6 章　智慧 5G，各行各業如何借 5G 風潮轉型

線。這一切，也就導致了現階段智慧家庭的資料傳輸速度非常慢，以至於我們常常會看到這樣的情境：使用者在指示智慧音箱開啟冷氣時，它的反應速度非常慢，還不如使用者自己直接開啟。

隨著 5G 被應用到智慧家庭領域，其高速率、大容量、低延遲特點可以讓更多的智慧家電設備互相關聯，資料傳輸速度加快。

與此同時，在 5G 的作用下，設備與設備之間的資料傳輸，會變成設備與設備、設備與人之間的各方資料傳輸，而資料傳輸和交換的速率提升，又有利於提升整個系統的智慧化程度。換句話說，5G 可以加深設備之間的連結，讓智慧家庭更加智慧。

並且，在 5G 時代，雲端運算 AR、VR、AI、感測技術、情緒辨識等高科技技術應用於智慧家庭也將變為現實。比如，使用者可以透過 AR 智慧設備控制智慧家電，安裝在家中各處的感測器可以收集使用者資料，並傳送到智慧系統，再由 AI 分析並得出結論。而情緒辨識系統則可以根據使用者的表情、動作是被使用者情緒，感測使用者情感，並給出反應。

這一切，也將對智慧家庭真正變得智慧，有著至關重要的推動作用。

6.2 智慧家庭：「世外桃源 2.0」離你有多遠

目前，儘管 5G 的商用作用才剛剛拉開帷幕，未來 5G 智慧家庭的路也還很長，但正如胡適先生曾說過的那樣：「怕什麼真理無窮，進一寸有一寸的歡喜。」智慧家庭的任何一點進步，都令我們驚喜和期待。

畢竟，一切才剛剛開始，而開始，就意味著一個時代的到來。

6.3 智慧教育：
　　情境式＋互動式，讓學習更有效

教育是一個關乎國家生計、文化生存發展的行業，它的重要性不言而喻。

隨著科技的進步，教育產業也在不斷發展和創新，1G 時代，語音教學資源開始出現；2G 時代，簡單的行動學習概念開始萌芽；3G 時代，出現了線上教學平臺，數位教材開始出現在教育場景中；4G 時代，線上教育平臺已發展成熟，線上教育成為了創業新藍海。5G 到來時之後，教育產業會產生哪些改變呢？5G 會怎樣為教育產業加持呢？

我認為隨著 5G 的到來，更多的高科技應用將被運用到教育教學中，教育產業將向著智慧教育的方向發展，過去的教育模式將受到徹底的衝擊。我認為，5G 智慧教育將會為教育產業帶來兩個方面的變革，一方面它會讓教學方式更多樣化，另一方面它會解決一些教育產業中的痛點。

6.3.1　5G 讓教學方式更多樣化

對大多數學生來說，上課是一件非常枯燥的事情，但是在 5G 的加持下，教學方式會變得更加多樣化，上課也會因

6.3 智慧教育：情境式＋互動式，讓學習更有效

此而變得越來越有趣。比如，5G 的大頻寬和低延遲特徵讓 AR、VR 能夠被運用到教學中。老師可以將 VR、AR 教學內容上傳到雲端，利用雲端的運算能力對 VR、AR 內容進行渲染、展現和控制，然後再將 VR、AR 內容編成影片和音訊，並透過 5G 網路傳輸到終端。學生可以就可以利用終端上的 VR、AR 內容接受沉浸式教學了。

VR、AR 帶來的沉浸式教學可以讓學習成為一種情境式的體驗，這種教學方式可以充分激發學生的學習熱情，將「要我學」變成「我要學」。但是 VR、AR 教學的成本比較高，在初期並不會很快普及，高階培訓機構或者有條件的實驗學校會率先展開 VR、AR 授課，授課形式包括虛擬實驗課、情境式自然課、虛擬創意課程等寓教於樂的方式。

在傳統教學中，老師將知識呈現在黑板和 PPT 上，學生只能被動接受。而 VR、AR 教學則可以讓知識變成栩栩如生的場景，學生可以在課堂上看到栩栩如生的恐龍、看到胎兒在母體中的發育過程，看到宇宙大爆炸的情景，所有抽象的或無法親眼看見的內容都可以透過 VR、AR 展現出來。知識將變得美妙，科學將變得充滿魅力。

此外，5G 應用對線上教育的影響也十分深刻，未來的線上課程也會採用沉浸式教學，讓教學互動性和參與性變得越來越強。未來，人們用手機就可以透過 3D AR 互動的方式欣

賞文物或展覽，戴上 VR 眼睛就可以虛擬參觀世界各地的歷史名勝。而且，學生們感受到的將不再局限於視覺，他們還可以透過聽覺、嗅覺、味覺、觸覺等感官去體驗虛擬情景並進行互動。這樣一來，知識就會在不知不覺間刻進學生的大腦。過去，這種學習方式是無法想像的，但 5G 對教育的加持會讓 VR、AR 教學變為現實。

而 VR、AR 教學的應用會深刻地改變現有的教學模式，一對一的填鴨式教學將轉變成多對多的互動式教學，互動式教學的本質是知識的共享和靈感的碰撞。在互動式教學中，老師扮演的是啟發者的角色，同學扮演的是合作夥伴的角色，更多的腦力激盪和創新火花將被激發。

教學方式和教學模式的變化不會在一天完成，而是逐步發生的。我相信，隨著 5G 的普及和 VR、AR 技術在教育產業中的導入，教學將會變成一件非常有趣的事！

6.3.2　5G 將解決教育的痛點

透過傳統的教育方式，難以教出創新型的人才。這樣的問題正是傳統教育的痛點。很多有理想、有能力的教育工作者都想解決這個問題，關於教育的思考和改革也從來沒有停止過。

6.3 智慧教育：情境式＋互動式，讓學習更有效

5G 的到來將引起教育產業的深刻變革，或許它能夠為廣大教育工作者們提供一些新思路和新方法，讓教育的痛點早日得到解決。我認為，目前教育最常面臨的主要痛點有三個，一是缺少創新型人才，二是教育資源分配不均，三是產學研（生產、教學、研究）資訊不對等。

1. 痛點一：的缺少創新型人才

要培養創新型人才，首先要有創新型的教育模式。前文中我們已經提到，5G 的到來會讓教學方式越來越多樣化，會把現有的填鴨式教育模式變成互動式教學模式。而互動式教學可以讓學生充分發揮主觀能動性，碰撞出更多的靈感火花。我相信，在這樣的教育模式下，創新型人才缺乏的問題一定會得到改善。

2. 痛點二：教育資源分配不均

提起教育，大家都會想起另一個難以忽視的痛點，那就是教育資源分配不均。在生活中，我們常常看到很多家長拚命地送孩子去上各種補習班，大人疲於奔命，孩子同樣苦不堪言。事實上，家長們也想讓孩子有一個輕鬆快樂的童年，但優質的教育資源是有限的，家長如果不想讓孩子輸在起跑點上，就不得不為孩子的學習不停「加碼」。

教育資源分配不均的主要原因是經濟或地區差異。那

第 6 章　智慧 5G，各行各業如何借 5G 風潮轉型

麼，5G 到來以後，有沒有可能透過高速率、低延遲、多設備的網路來平衡教育資源呢？我覺得這是極有可能的，因為網路的發展一次次打破了資訊的鴻溝，行動網路的發展更是帶來了資訊爆炸，人們可以透過手機了解地球另一端發生的事。而擁有更強大連線能力的 5G 網路，也必將為教育平等問題提供一種可行的解決方案。

我希望，5G 時代來臨後，每個孩子都能接受優質的教育，經濟條件或環境較差的孩子能和都市中的孩子上同樣的課，讀同樣的書，享受同樣的教育資源。我相信，這一天一定會到來。

3. 痛點三：產學研資訊不對等

5G 帶來的萬物互聯，可以實現跨組織的資訊共享、知識共享，解決產學研（生產、教學、研究）之間的資訊不對等。過去，做研究的不在乎市場，做生產做市場的不看重基礎研究，做教學的與實踐嚴重脫節，這種資訊不對等現象是對資源的極大浪費。

5G 時代到來以後，我們可以透過建立平臺來串聯產學研的資料，用資料來驅動教學、科學研究和科技成果轉化，讓科學研究學形成一個循環系統，互相推動。可以想像，當產學研的管道疏通以後，將會產生多麼大的經濟效益和社會效益。

6.3 智慧教育：情境式＋互動式，讓學習更有效

「讓每個人都有接受教育的機會，讓每個人都學有所長。」這應該是每個教育工作者的追求，也應該是每個立志在 5G 智慧教育產業有所作為的創業者的追求。

6.4 智慧物流時代

在 5G 時代來臨之際，許多物流業者積極投入智慧物流的發展，轉型為科技導向的企業。目前全球已有多家領先物流企業建立了智慧物流中心，以及自動化倉儲系統。

這些現代化的物流中心運用了多項先進技術，包括 AI 人工智慧、IoT、自動化倉儲系統、智慧運輸管理等。並與電信業者簽訂 5G 合作協議，打造智慧倉儲等智慧物流解決方案。

智慧物流到底是什麼呢？它又有什麼樣的特點和功能呢？

6.4.1 什麼是智慧物流

智慧物流是仰賴於 5G 發展的，是網路技術、資訊通訊技術和物流產業的整合。智慧物流應用了一系列先進技術，可以使整個物流系統具有智慧感測能力、系統化管理能力、和自我修復能力。下面，我們就來看看什麼是真正的智慧物流。

1. 智慧物流的三大特性

目前，很多物流企業都提出了智慧物流的概念，但是有些「智慧」物流還達不到真正的智慧化。在我看來，智慧物流應該具備以下三個特徵。

6.4 智慧物流時代

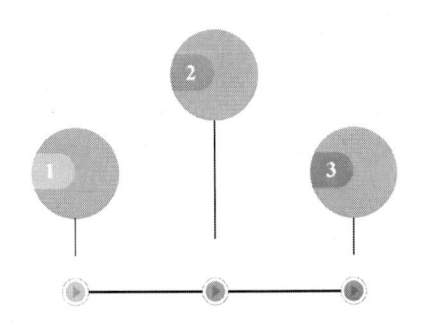

| 資料驅動 | 自主學習 | 高度協作 |
| 互聯互通 | 自主改進 | 高度執行 |

智慧物流的三個特徵

(1) 資料驅動，互聯互通

智慧物流的所有環節都要實行數位化管理，並做到互聯互通，物流資訊可以即時呈現。物流系統的運轉要以資料為驅動，切實有效地提升物流體系的運轉效率。

(2) 自主學習，自主改進

智慧物流系統具有自主學習的能力，還可以在不斷地學習中實現自我改進，不斷提升運作能力和決策能力。智慧物流系統的自主學習能力是依靠大數據和人工智慧實現的，它們共同組成了智慧物流系統的「大腦」。

(3) 高度協作，高效運行

當智慧物流在整個行業中普及以後，各個物流企業之間必須做到高度協作，用演算法進行最佳化布局，將整個物流

第 6 章　智慧 5G，各行各業如何借 5G 風潮轉型

產業打造成一個整體系統。而系統中的各部分則分工合作，全面提升運作能力。

總而言之，智慧物流應該具備高度地自主學習能力，可以實現資訊聯動，能夠有效提升物流體系的排程和合作水準，並實現產業整體布局的目標。

2. 智慧物流的 7 大功能

基於以上的三大特點，智慧物流應具備以下七大功能：

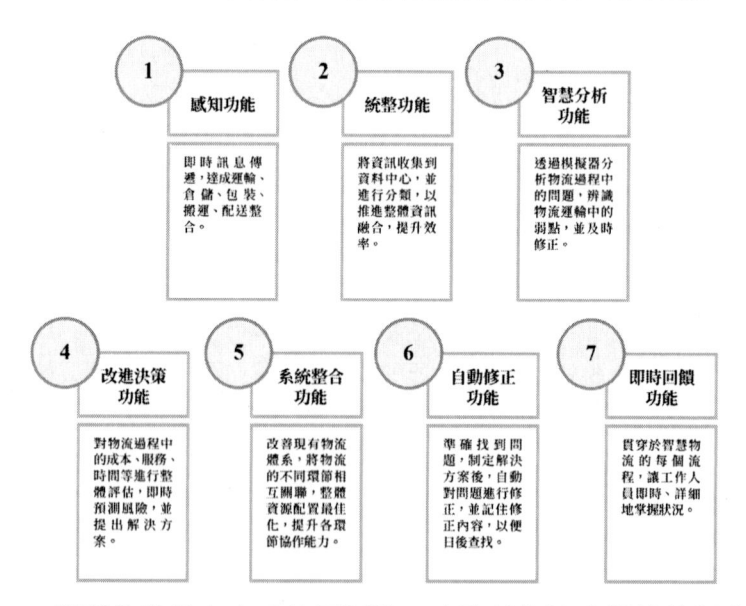

1 感知功能：即時訊息傳遞，達成運輸、倉儲、包裝、搬運、配送整合。

2 統整功能：將資訊收集到資料中心，並進行分類，以推進整體資訊融合，提升效率。

3 智慧分析功能：透過模擬器分析物流過程中的問題，辨識物流運輸中的弱點，並及時修正。

4 改進決策功能：對物流過程中的成本、服務、時間等進行整體評估，即時預測風險，並提出解決方案。

5 系統整合功能：改善現有物流體系，將物流的不同環節相互關聯，整體資源配置最佳化，提升各環節協作能力。

6 自動修正功能：準確找到問題，制定解決方案後，自動對問題進行修正，並記住修正內容，以便日後查找。

7 即時回饋功能：貫穿於智慧物流的每個流程，讓工作人員即時、詳細地掌握狀況。

智慧物流的七大功能可以進一步降低物流企業的營運成本，解放生產力，提升整個物流產業的效率。

6.4.2　5G 場景下的智慧物流

　　5G 時代的智慧物流會是什麼樣的呢？透過智慧物流與倉儲業者的一系列創新，我們已經可以看出未來智慧物流的雛形。在未來的 5G 時代，智慧物流的應用將全面覆蓋到車聯網、倉儲管理、物流追蹤、無人配送等情境中。下面，我為大家一一介紹這些 5G 智慧物流場景，為大家勾勒一個物流產業的未來圖景。

1. 無人物流配送

　　無人配送是 5G 智慧物流的重要情境，目前已經有實驗成功的案例，它距離實際應用已經不再遙遠。2015 年，亞馬遜推出無人機送貨服務，在英國劍橋首次成功配送了一件包裹，從下單到送達僅花費了 13 分鐘。相信在不久的將來，無人物流配送一定能夠被運用於更複雜的交通環境和地形環境。

2. 智慧倉儲管理系統

　　倉儲管理是物流的重要環節，傳統倉儲管理需要工作人員逐個掃描每件貨物，這種操作方式不僅效率低，而且很容易造成貨物分類錯誤。

　　而智慧倉儲管理系統則可以提升出貨效率，合理利用倉儲空間，擴大倉儲容量，降低工作人員的勞動強度。智慧倉

儲系統而且還可以即時監測貨物的進出，提升交貨的效率。5G 的到來可以進一步提升智慧倉儲管理系統的效率，因為系統的資料處理能力會大大提升，物聯網技術也能讓倉儲管理系統接入多個感測器，即時監視每件貨物的去向，讓倉儲管理的智慧化在一次更新。

3. 智慧物流追蹤

5G 可以應用於在途貨物的動態追蹤、運輸檢測和智慧排程。比如，相關 5G 應用可以對車輛和貨物進行即時定位追蹤，對貨物的狀態進行監視，對車輛的速度、輪胎胎壓、油量、油耗等資料進行監測。這樣一來，後臺工作人員就可以根據貨物和車輛的情況即時調整運輸策略，保證貨物安全、降低或無損耗和運輸成本。

英國最大的生鮮電商 Ocado 已經開始嘗試應用智慧物流追蹤系統，Ocado 使用先進的賓士冷藏卡車進行配送，使其訂單的正確送達率達到 99％，其中 95％的訂單都能夠在 24 小時之內準時甚至提前完成。

生鮮配送的關鍵問題在於配送途中的溫度控制，Ocado 公司藉助 5G 對配送車輛的車廂溫度進行即時監測。溫度監測是透過安裝在車廂裡的溫控模組和通訊模組來實現的。溫度感測器每隔幾分鐘就會自動將資料傳送給控制中心，再由

6.4 智慧物流時代

控制中心發出指令對車廂溫度進行遠距調控，以減少生鮮貨物在運輸過程中的損耗。

4. 智慧物流櫃、配送機器人

除了為整個物流系統加持，5G 還將助力智慧物流的「最後一公里」，智慧物流櫃和智慧配送機器人將會發揮巨大的作用。

智慧物流櫃的原理比較簡單，它可以藉助射頻（RFID）、紅外線和雷射掃描等技術將每件包裹都納入物聯網中，即時呈現包裹資訊。智慧物流櫃上還會有資訊採集和資訊辨識系統，能夠和資料中心協同完成簡訊提醒和身分驗證工作。

配送機器人負責的工作則更加複雜，它不僅要以一定的時速在路上行駛，還要自動避讓行人和車輛，辨識交通號誌和較複雜的地形，才能將包裹準確地送達目的地。在行駛過程中，無人配送車還要向收貨人發送訊息，提醒對方收貨。5G 到來以後，無人配送機器人會必定會得到普及，並深入到各大區域、學校、工廠和園區中，為人們提供最便利、最智慧的物流服務。

5G 智慧物流的核心是科技，科技的進步提升了物流的效率、保證了物流的安全，讓這個不停成長的傳統行業再一次實現更新和加速。

第 6 章　智慧 5G，各行各業如何借 5G 風潮轉型

6.5 智慧城市：
以人為本的新型城市來了

有一位作家是這樣形容城市的：「城市是一個龐大的有機體，它們會以複雜和迷人的方式生長、壯大和衰落。」這個巧妙的比喻說明了城市的龐大和複雜。一個城市的營運需要無數人力與物理的支撐，我們每個人的都是城市裡的「小零件」，也參與著城市的運作和管理。

城市管理是一個歷史悠久的課題，如今我們已經習以為常的管理系統是經過幾十年、上百年才發展而來的。直到今天，城市依然在不斷地發展和完善，5G 時代全面來臨以後，智慧城市也將來到我們身邊。

提起智慧城市，大家都不陌生，它是 5G 技術的最重要應用場景之一。智慧城市的基礎是技術，5G 技術將是支撐智慧城市運轉的必備要素，它將驅動物聯網，將城市中的各個系統做到互聯互通，實現智慧化的城市管理。

6.5 智慧城市：以人為本的新型城市來了

6.5.1 什麼是智慧城市

智慧城市到底是什麼呢？我認為智慧城市就是把新一代資訊科技運用於城市的各行各業中，以提升城市的管理和營運效率。那麼，智慧城市的具體定義是什麼呢？

1. 智慧城市的定義

關於智慧城市的定義，維基百科是這樣寫的：

「智慧城市（Smart City）是指利用各種資訊科技或創新理念，整合都市的組成系統和服務，以提升資源運用的效率，改進都市管理和服務，以及改善市民生活品質。智慧城市把新一代資訊科技充分運用在都市的各行各業之中，是基於知識社會下一代創新的都市資訊化進階形態，實現資訊化、工業化與城鎮化深度融合，有助於緩解『大城市病』，提升城鎮化品質，實現精細化和動態管理，並提升都市管理成效和改善市民生活品質。」

從這個定義中，我們可以了解到智慧城市是資訊科技與城市現代化的融合。在 5G 時代，物聯網、邊緣運算、AR、VR、AI 人工智慧等技術將進一步發展，智慧城市也將向著更加智慧化的方向發展。

2. 智慧城市的架構

了解了智慧城市的定義,我們再來看看智慧城市的架構。智慧城市的架構可以分為三層,它們分別是:資訊蒐集層、運作操控層、決策支持層。

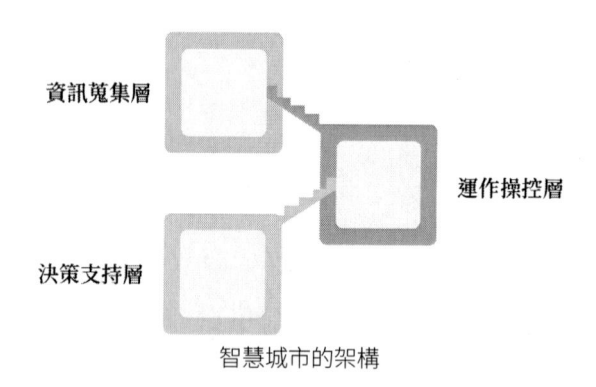

智慧城市的架構

(1) 資訊蒐集層

資訊蒐集的主要功能是利用影片監視、RFID 技術、各種感測技術、即時監測、採集抓取和辨識城市的各項資料和事件。

(2) 運作操控層

運作操作層的主要功能是對蒐集到的資料進行加工處理,然後按照工作流程進行建模編排、事件資訊處理,自動選擇應對措施,通知相關負責人、進行工作流程處理、歷史訊息保留及查詢、網路設備監測等工作環節。

(3) 決策支持層

決策支持層的功能是進行多部門模擬演習、資訊查詢與監測、工作流程進度視覺化監測、歷史資料分析、相關專家協力分析、城市管理流程最佳化等工作,並為城市的智慧化管理和突發事件處理提供資料和經驗支撐。

智慧城市的內涵十分豐富,包括基礎設施建設、數位化應用,以及智慧政務、智慧產業、智慧民生等內容。智慧城市的建設是按頂層架構設計原理進行逐層建設的,參與智慧城市建設的企業也有很多,包括電信業者、各種大型國有企業,研究機構等,它們能為智慧城市提供各種最新技術。

從智慧城市的定義和架構中,我們可以看出,智慧城市是一個系統,需要多方面的配合才能真正建立。智慧城市的發展也需要多個要素共同作用,缺一不可。

6.5.2 智慧城市發展的 5 大要素

智慧城市的發展離不開以下 5 大要素。

1. 高速、低延遲網路

高速率、低延遲是 5G 網路的特徵,而智慧城市建設的首要條件就是高速率、低延遲的無線通訊網路。可以說,5G 網路的出現給了智慧城市發展的契機。

2. 先進的防災能源網路

智慧城市中，最重要的子系統就是安全可防災的能源網路，如果沒有它，智慧城市就是不完整的。沒有一個 IT 工程師可以在沒有不間斷電源或備用電源的情況下，建立一個資料中心，也沒有一個智慧城市能在沒有安全防災能源網路的情況下保持正常運轉。

3. 安全隱私保障

安全隱私保障系統也是智慧城市的重要部分。近年來，監視系統、居家攝影機被入侵的現象頻傳，人們需要更安全的監視系統。智慧城市系統在整合資源時，應找到更安全、有效的產品和解決方案，此外，存取協定和通訊也需要高級的安全架構來防範惡意程式。

4. 第三方平臺開發

分散式快取運算出現以後，第三方平臺的建立和開發也將指日可待。當然，這裡的的第三方平臺開發並不是簡單地建立一個智慧城市 App，而是要先清楚的了解、確定哪些應用是能夠在真實環境中的開放式應用的。

5. 分散式運算

5G 時代，資料數量不斷增加，雖然資料處理速度也大大提升，但在這種情況下，資料處理的難度也提升了，而城市管理單位不可能把所有資料都發送到雲端去處理，所以，我們需要建立一個具有在終端設備處理資源的重要節點，讓分散式網路中的分層參與者進行無縫運作。此外，市政基礎設施也必須融合成一個完善的分散式處理架構，成為一個一個有高度連網、可擴展的生活系統。

城市是誕生奇蹟之所，智慧城市必將帶給我們更多的關於美好生活的想像，並且這種想像終有一天會成為現實。

【焦點問答】

5G 加持 OT，哪些行業能先嘗到甜頭

2013 年，通用公司提出了工業網路的概念，隨後西方工業界曾出現過一個十分有趣的現象：企業的 IT 部門（資訊科技部門）和 OT 部門（營運部門）相互打架，爭論企業的競爭力到底是 IT 還是 OT。

至今，許多政策的制定者然被同樣的問題困擾。因此，工業化和數位化的融合策略十分重要，隨著 5G 的到來，這兩個「化」的融合變成了深度融合。

第 6 章 智慧 5G，各行各業如何借 5G 風潮轉型

　　為了弄清楚工業化和數位化是如何融合的，我們必須先了解 OT 與 IT 的含義。IT 是資訊科技，OT 是 Operational Technology 的縮寫，可以理解為營運技術。可能 OT 還有別的縮寫的意思，但是如果 OT、IT、CT（通訊技術）這三個名詞一起出現的話，他指的就是營運技術或操作技術，工人操作一臺機床是 OT，營運一條生產線也是 OT，營運一個工廠也是 OT。

　　OT 的目的是提升生產效率。不同的工廠之間的效率會有很大的差別。在 IT 出現之前，企業核心競爭力就是 OT 技術。OT 是企業的祕籍，比如說專項技能竅門、特有的管理方法等。在德國、日本等製造業強國，OT 是企業的生存之本。日本企業提出的即時生產（JIT）、看板管理（KPM），德國企業提出的彈性製造系統（FMS）等，都屬於 OT 技術。

　　隨著，IT 技術和網路的發展，OT 和 IT 的融合已經是大勢所趨。早在十幾年前，洛克威爾自動化公司就提出了整合架構的理念；五年前，它又提出了網路企業的概念，這兩個概念的核心就是 OT 和 IT 的融合。

　　從廣義上看，IT 是為 OT 服務的，有了 IT 平臺和軟體技術，OT 提供的工廠大數據可以幫助企業更快更好變得智慧化。使企業的經驗個直覺變成知識，這對企業的發展是十分

6.5 智慧城市：以人為本的新型城市來了

重要的。而 5G 等 IT 技術則是對 OT 的加持，是提升 OT 的效能的加速器。OT 與 IT 的日益融合已經成為西方先進國家工業發展的主流。

在 5G 到來之際，我們把 OT 與 IT 融合形成的工業網路叫做 AIoT，它重點針對擁有高階設備的製造業和使用者，可以透過工業網路平臺對即時採集的各種運作資料進行建模，視覺化分析，模擬和預測，使這些裝備能夠節能，高效的運作，避免非計畫性停機並對可能的故障。可以達到防患於未然，提升高價值設備的運作的效率的目的。不過，其中有很多環節都需要 5G 等 IT 技術進行加持。

如果我們把傳統製造業比喻成為一個有視覺障礙的人，那麼 5G 就是一幅讓盲人重見光明的眼鏡，它不能替代人，但是可以為人加持。相比傳統的 OT 技術，被 5G 加持後的工業網路平臺，可以實現以下功能：

第一，從網路接入點有效採集更多更高速的複雜的機器資料。

第二，整合以往孤立的資訊來源，包括企業的合作夥伴的資訊，讓資料訪問更加便捷。

第三，透過對資料進行專業分析，提升企業對各類高價值設備的分析和監測能力。

第 6 章 智慧 5G，各行各業如何借 5G 風潮轉型

那麼，5G 加持 OT 後，哪些行業最能夠最先嘗到甜頭呢？我認為，以下三類行業是非常值得關注的。

第一類是製造業和自然資源相關行業，比如汽車、非耐用消費品、能源、挖掘及加工、重工業、IT 硬體、生醫保健產品、自然資源和材料等；

第二類是運輸產業，比如航空運輸、汽車運輸、管道運輸、鐵路運輸、水運、倉儲、快遞服務和支援服務等。

第三類是公共事業，比如瓦斯、水電等。

以 5G 為代表的 IT 技術加持 OT 以後，各行各業都會迎來新的改變，生產效率將得到提升，企業管理和營運水準也會大大提升，很多行業也將迎來一波發展機遇。

第 7 章
5G 來臨，
自媒體大神們該如何布局

　　5G 時代的媒體玩法更多樣，形式更豐富，最重要的是，5G 帶來的去中心化，讓人人都能成為自媒體。5G 的高速率和低延遲特性，會讓影片類自媒體逐漸成為主流，短影片和 Vlog 都是 5G 時代的新浪潮。

第 7 章　5G 來臨，自媒體大神們該如何布局

7.1　5G 時代，人人都是自媒體

我們完全可以預測，5G 將對傳統媒體的造成重大衝擊。自媒體從 4G 時代開始蓬勃發展，5G 的高速率、大流量會讓自媒體再次迎來噴發式發展，其中，影片自媒體將會成為傳統媒體的最大的對手。

對於那些想進入自媒體行業的人來說，5G 的到來也為他們提供了新的契機。因為，5G 網路讓已經趨於飽和的自媒體行業有了新的發展空間，人人都有機會成為網路創作者。

7.1.1　5G 時代，每個人都能成為自媒體

4G 行動網路讓自媒體迅速崛起，到了 5G 時代，自媒體將進一步發展，並延續其碎片化、去中心化的特點。5G 時代的終端效能和網路速度將大幅提升，自媒體內容的傳播將更加迅速，自媒體內容的製作也將更加簡單，自媒體的互動性和娛樂性更強。因此，我預測 5G 會帶來自媒體的大爆發。

5G 的普及意味著我們可以用手機輕鬆觀看 4K 高畫質長影片，短影片的清晰度也會大幅度提升。影片品質的提升，可以進一步放大自媒體的優勢。AR、VR 技術的發展，會讓自媒體的內容更家豐富和精彩。試想一下，每天滑一滑 AR

短影片是不是一件很愜意的事呢？不過，由於 VR 是 360 度全景展示，這也對影片製作提出了更高的要求。

5G 時代的無人駕駛技術也會從側面推動自媒體的發展，當人們的雙手從方向盤上解放出來以後，雙眼也不用再緊緊盯著馬路了，是不是可以看一看自媒體影片、讀一讀自媒體文章了呢？

我認為 5G 將是自媒體全面爆發的時代，如果你對自媒體感興趣，就一定要抓住機會，從現在開始準備，讓自己成為 5G 自媒體時代最亮的那顆「星」。

7.1.2　5G 時代，自媒體產業將重新洗牌

5G 時代到來以後，人人都可以成為網路內容創作者，而自媒體產業也將面臨重新洗牌。5G 時代的自媒體產業將發生以下幾大變化。

1. 從大眾化到垂直化

過去的自媒體是大眾化的，大家愛看什麼，網路創作者就做什麼。但是，進入 5G 時代以後，自媒體會向垂直化方向發展。未來，網路創作者應該站在目標使用者的角度上，從使用者習慣、使用者心理、使用者行為等層面深入分析，

第 7 章　5G 來臨，自媒體大神們該如何布局

以發現消費者的特點和偏好。並以此為基礎，為使用者提供精準服務和加值服務。比如，我的目標使用者喜歡美食，我就要專注美食方面的內容；我的目標使用者喜歡關注尖端科技，我就要專注於科技類的內容。

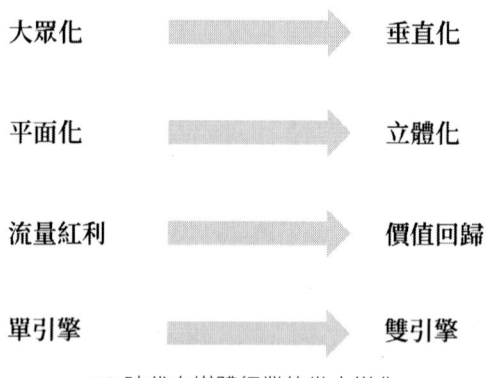

大眾化　→　垂直化

平面化　→　立體化

流量紅利　→　價值回歸

單引擎　→　雙引擎

5G 時代自媒體行業的幾大變化

以前那種大而全面的模式很難再引起消費者的興趣，小而美才是位來自媒體的發展趨勢，「專注、專業、專門」將會成為未來自媒體產業寫照。

2. 從平面化到立體化

5G 具有高速率、大頻寬的特點，在 5G 網路普及以後，人們在看影片、聽音訊時將不必再擔心傳輸速度不夠快，高畫質影片的播放也將變得更順暢。因此，影片、音訊類自媒體會變成主力軍。因此，5G 時代的網路創作者不僅要會寫，

還有會說、會唱、會演、會拍。直播內容也會迎來另一波高峰期，5G 時代的直播形式會更加多種多樣，直播 + 體育、直播 + 電商、直播 + 新聞等等形式，都有可能成為 5G 時代的主流直播形式。

5G 時代，自媒體將從平面變為立體，也就是說，以圖文內容為主的平面化內容，將變為以影片、音訊為主的立體化內容。網路創作者應該為這樣的轉變做好準備。

3. 紅利消退，價值回歸

5G 時代的自媒體將迎來價值回歸，隨著流量優勢的消退，自媒體很難再依靠「快速擴張」式的粗暴擴張來獲得使用者。內容的價值將重新回歸，使用者對優質內容的需求會越來越強烈。所以，網路創作者必須要平衡內容、流量、商業之間的關係，在尋求營利的同時注重內容的價值。

4. 從單引擎變為雙引擎

過去，人們是怎樣找到自己喜歡的自媒體內容呢？主動搜尋是最主要的途徑，這種模式被成為單引擎模式。進入 5G 時代以後，物聯網和人工智慧的發展將會徹底改變人們的搜尋方式。未來，人們在搜尋資訊時，將會採取「主動搜尋 + 智慧搜尋」的雙引擎模式。

目前，各大媒體平臺都有自己的智慧推薦、和智慧配對

第 7 章　5G 來臨，自媒體大神們該如何布局

機制，但是這種智慧推薦還不夠精準，有時候使用者對平臺推薦的內容並不感興趣。不過，5G 的應用會讓媒體平臺的智慧推薦更加精準。

　　上述這些變化趨勢都在向網路創作者釋放一個訊息：未來的網路創作者必須具有多元專業的綜合能力，既要具備製作內容的能力，還要具備數位行銷、資料分析的能力。只有這樣，才能在 5G 時代的內容創作市場中擁有一席之地。

7.2 定義潮流：從 BLOG 到 VLOG，玩法變了

十幾年前，最潮的文藝青年都寫 Blog；十幾年後的今天，最潮的人都在拍 Vlog。從 Blog 到 Vlog，這是潮流的變化，也是自媒體的發展之路。

Blog 又叫做部落格或網路日誌，是指在網路上發表的個人文章或圖片內容。自從部落格發跡後，各大入口網站都進入了部落格江湖，平臺之間的競爭激烈程度不亞於今天的電商大戰。

對 1980 年後出生的人來說，沒寫過部落格的青春是不完整的，在 2000 年左右，寫部落格是一件最時髦、最文藝的事。閱讀名人、大咖的部落格文章也是每天必做的功課。但是當 Facebook 之類的社群平臺崛起後，屬於部落格的時代就落下了帷幕。

另一個舶來品 Vlog 逐漸走入人們的視野，興起了下一波浪潮。Vlog 是一個合成詞，由 Video blog 縮寫而成，意思是影片日記。在 2019 年之前，Vlog 並不是一個大眾化的詞，首先，它的讀音就難倒了很多對英文不熟悉的人，其次，它的拍攝和剪輯難度要遠高於短影片，因此很多人對 Vlog 望之

第 7 章　5G 來臨，自媒體大神們該如何布局

卻步。但是，Vlog 在 YouTube 等影音平臺的風靡，引起了很多網路公司的注意，網紅和影音創作者們也開始嘗試。

Vlog 崛起後，很多影片平臺都開始布局 Vlog，並開始著手培養自己的內容生產者。很多業界人士認為：「Vlog 是影片內容裡唯一還沒有深度開發的形態，極有可能引領下一波內容浪潮。」

在大頻寬的 5G 網路時代，Vlog 也許會成為人們娛樂和表達的首選方式，Vlog 將脫去「菁英」、「高階」的外衣，離普羅大眾越來越近。

7.2.1　從菁英到大眾，Vlog 的「下凡」之路

Vlog 的源頭，可以追溯到 2006 年，當時有家義大利公司推出了一個叫做「MyVideoBlog」的行動影片播客服務，這就是 Vlog 的雛形。在那時，能用上「MyVideoBlog」的都是位於流行文化金字塔頂端的潮人。拍影片部落格也被認為是一種時髦的、有品味的行為。

2012 年，第一條真正意義上的 Vlog 在 Youtube 上誕生，這時 Vlog 依然是精緻、時尚、個性、有技術的代名詞。無一例外地，這批 Vlogger 都有媒體、廣告行業的從業背景，其中不少人都有留學的經歷。他們的 Vlog，或多或少都帶有自

7.2 定義潮流：從 BLOG 到 VLOG，玩法變了

己的審美趣味，並流露出一股「菁英氣息」。而且，他們的粉絲群體比較小眾而固定，沒有獲得大範圍地曝光。

不過，行動網路和智慧型手機的發展，讓影片拍攝變得更簡單，人人都可參與的「自製影音文化」也慢慢普及，人們拍攝影片的熱情和興趣空前高漲。2017 年左右，短影片開始引爆市場，並在經過一段爆發式的發展後逐漸走向成熟。目前，短影片和傳統長影片的製作模式已經固定，內容營運也從粗糙走向了精細。在這種背景下，已經在小眾市場上取得了成功的 Vlog，就順理成章地走進了人們的視野，並被業界視為下一個可以突破市場區隔的成機會。

Vlog 作為影片日記，可以表現很多類型的內容。比如，上班路上可以拍，去賣場購物可以拍，去上課可以拍，去旅行可以拍，拆包裹也可以拍。Vlog 的題材十分豐富，各種拍攝設備的出現，也讓 Vlog 的拍攝難度降低。因此，有越來越多的人開始嘗試拍攝自己的 Vlog，據我觀察，很多平臺上都已經形成了自己的 Vlog 生態，而且 Vlogger 們拍攝的內容也十分有在地特色。

有一對在城市中工作發展的夫妻，太太每天都會拍攝自己上下班的情景，用 Vlog 記錄自己平凡的生活；一位頂尖大學的研究生，喜歡用 5 分鐘的 Vlog 來記錄和分享自己的生活；有程式設計師也透過 Vlog 分享自己工作上的事。

第 7 章　5G 來臨，自媒體大神們該如何布局

越來越多的普通人開始拍攝自己的 Vlog，這說明 Vlog 已經從菁英化走向了大眾化。追捧 Vlog 的粉絲也從內容的消費者變成了內容的生產者。

7.2.3　Vlog 是 5G 時代的藍海市場

按照目前的發展趨勢來看，5G 商用時代，Vlog 將會成為新的藍海市場。

首先，5G 可以在技術上彌補現有的不足，比如拍攝軟體、影像品質和上傳速度會大幅度提升，Vlog 影片的創作門檻也將進一步降低。其次，5G 可以支援高畫質畫面的流暢播放和切換，觀看 Vlog 影片的粉絲會獲得更好的經驗。

有了 5G 的加持，各大平臺對 Vlog 的扶持力度會更大。Vlog 的內容也不將不再只是泛娛樂化的內容，而是會更加多樣化。我相信，在未來 Vvlog 一定會在各個產業、各個場景中被廣泛應用。

作為供給端的各大影片平臺們，也看到了 Vlog 在 5G 時代的巨大潛力，盡力鼓勵普通使用者進行 Vlog 內容創作。陸續開發了手機端發文功能、推出教學計畫、舉辦各種影片創作主題活動，以激勵內容創作者們創作出更多優質的 Vlog 內容。

7.2 定義潮流：從 BLOG 到 VLOG，玩法變了

我們可以把商業市場進行分層，比如上層市場、中層市場和底層市場。Vlog 目前已經在上層市場上的垂直領域獲得了成功，並且有逐步下沉的趨勢。因此，未來各大影片平臺都將嘗試各種不同的方法，來讓 Vlog 進一步深入到中層市場和底層市場。短影片已經成功下沉到了非都市市場，Vlog 也將成功獲得這片廣闊的下沉市場。

在 5G 時代，Vlog 仍然是一片藍海市場，在自媒體的浪潮中，Vlog 會是新的佼佼者。未來，哪個平臺會獨占鰲頭，成為最火爆 Vlog 平臺呢？我們可以拭目以待。

7.3 5G 時代自媒體營運兩大核心基礎

隨著 5G 的到來，自媒體行業必將發生翻天覆地的變化，其中最直觀的變化必定是傳播速度變快。我們都知道，內容是自媒體的核心，但是內容需要傳播，否則就會失去意義。

在 4G 時代。網路創作者更著重於內容的生產和分發，到了 5G 時代。自媒體營運的重點將發生變化。我認為，5G 時代自媒體的營運優有兩大核心，一是目標導向生產內容，二是智慧化傳播。

7.3.1　目標導向生產內容

內容生產我們都很熟悉，就是自媒體內容創作的過程。那麼，目標導向生產內容又是什麼意思呢？顧名思義，就是創作有方向、有目的內容。過去，自媒體內容的生產是隨意的、缺乏目標導向的，什麼紅就做什麼，什麼熱門就蹭什麼。而目標導向生產內容，就是要打破這種局面，讓自媒體內容更加專業化、垂直化，也更有針對性。

那麼，網路創作者應該如何目標導向生產內容呢？我認為，應該從「痛點、尖叫點、爆發點」這三個點入手。

1. 找到痛點

創作自媒體內容時,首先應該找到痛點,痛點就是那些粉絲極為關心,又急待解決的問題。找痛點的方法有很多,比如資料分析、問卷調查、閱讀產業報告和白皮書等。網路上都很多這樣的資料和報表以及資訊平臺,我們可以從眾挖掘出相關產業的痛點。

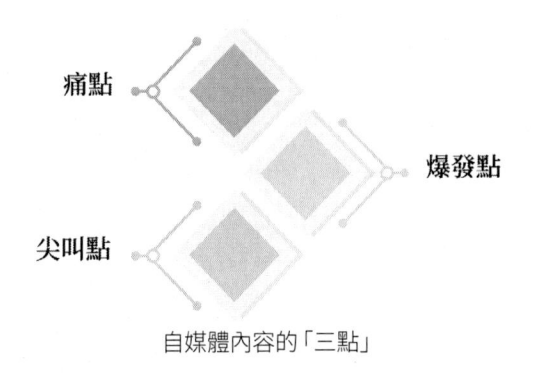

自媒體內容的「三點」

無論自媒體內容是關於哪個領域的,都要有痛點作為支撐,只有展示了痛點,內容才能吸引住目標使用者群體。

2. 找到尖叫點

尖叫點其實是一種產品設計思維,它是指產品上那些能令使用者尖叫的特點和優勢。在自媒體內容創作上,尖叫點就是那些能引起使用者強烈共鳴、能令粉絲尖叫的點。

怎樣才能找到尖叫點呢?我的建議是盡量避開網路上的

第 7 章　5G 來臨，自媒體大神們該如何布局

「陳詞濫調」，用自己的獨到眼光和獨特視角去分析問題，發表獨立的見解。同時，網路創作者要學會站在粉絲的角度去思考問題，時常提醒自己：粉絲想看的內容是什麼？

在資訊過剩的網路時代，找到令人興奮的尖叫點並不容易，所以網路創作者要盡量挖掘粉絲感興趣的內容。

3. 分析爆發點

爆發點的真正作用是吸引關鍵粉絲群體，引起他們的共鳴，再透過他們的擴散和傳播，引起更多的關注。所以，網路創作者在尋找爆發點時，要充分帶動粉絲的參與感，挑起他們分享傳播的意願。

7.3.2　智慧化傳播

智慧化傳播是指有別於傳統的、智慧化的傳播方式。目前的自媒體內容透過手機、平板和電腦來傳播。而 5G 到來後，物聯網與人工智慧會逐漸普及，自媒體內容的傳播方式會越來越多元化。比如，未來我們可以在冰箱上閱讀文章，在鏡子上觀看影片，任何一件智慧家庭設備，都可以把內容及時呈現出來。智慧化傳播的特點有以下四個。

7.3　5G 時代自媒體營運兩大核心基礎

1. 全時空

5G 技術成熟以後,資訊傳播將變得無時不在、無處不在,可以打破時間與空間的限制,因此,未來的智慧化傳播具有全時空的特點。

在 5G 及其應用得當普及以後,網路創作者外任何時間節點、任何空間都可以進行內容傳播,這將極大地釋放資訊傳播的效率,創造出新的價值。

2. 全現實

在 5G 技術及相關應用普及後之後,人類將實現虛擬實境連線。因為。超高畫質影片,VR、AR、MR(混合現實)等全像沉浸式互動技術的應用,可以將人與虛擬世界完全連結,模糊現實世界與虛擬世界的界線,甚至完全融合。因此,未來的資訊傳播具有全現實的特徵。

3. 全連線

5G 時代,大數據、雲端運算、物聯網、區塊鏈、人工智慧等技術會逐漸成熟,並實現人與人、人與物、物與物的連線。在萬物互聯的背景下,資訊傳播的所有過程、節點都可以相互連結。因此,未來資訊和資料可以以最短途、最高效的方式進行互動和傳播,並且所有的傳播節點都可以分享資訊。

4. 全媒體

萬物互聯意味著萬物都可以成為資訊傳播的媒介，媒體的延伸將被無限擴大。物聯網中的任何一個連線節點，無論是人還是物，可以成為傳播和釋放資訊的媒介。因此，5G時代的資訊傳播具有全媒體特徵。

全媒體傳播意味著資訊可以在任意時間和空間條件下，透過任意媒介到達需要到達的任意節點，實現傳播效果的最大化。

基於智慧化傳播的四大特點，未來的自媒體將進一步去中心化，而且傳播速度會更快，內容的稽核和推送都可以在幾秒鐘之內完成，自媒體營運的效率將進一步得到提升。

7.4 5G 時代，打造個人 IP 是關鍵

回顧自媒體的演變歷史，2G 時代我們看到的是文字，3G 時代我們看到的是圖片，4G 時代我們看到的是影片。在 5G 時代，我們會看到什麼樣的新內容呢？我和大家一樣期待！

自媒體的陣地也發戰勝了不小的變化，從論壇社群、入口網站，再到社交媒體和各種 App。4G 時代，行動網路高速發展，自媒體也迎來了一個高峰期，很多人抓住了這波紅利成為了新一代的「網紅」。

4G 到 5G 的轉變過程，對網路創作者來說也是一個新的機遇，因為 5G 的高速率、低延遲和大流量特徵可以讓很多過去無法實現的想法和點子成為現實，自媒體內容會再一次發生新的變化。這對普通人來說是一次絕佳的「逆襲」機會。那麼，我們應該怎樣抓住這個轉化期間的機遇，吃到 5G 時代的自媒體紅利呢？答案就是打造 IP。

7.4.1 為什麼要打造 IP

從自媒體營運的角度來看，打造個人 IP 有什麼好處呢？我認為，一個響亮的個人 IP 對網路創作者來說有以下五大優勢。

第 7 章　5G 來臨，自媒體大神們該如何布局

1. 吸引流量

擁有 IP 的最明顯優勢就是吸引流量，說白了就是有名氣的人，會受到更多關注。很多我們所熟悉的娛樂圈「新秀藝人」，還有網路紅人、KOL（社群媒體意見領袖）都是自帶流量的個人 IP。

但是，IP 不是明星和名人的專屬，普通人也可以打造自己的個人 IP，在特定的族群中擁有一定的知名度和影響力。在自媒體時代，再小的個體也要有自己的 IP。有了 IP。使用者下才能在成千上萬個自媒體中一眼看到你。

2. 獲取信任

任何商業行為都要建立在信任的基礎上，以變現為目的自媒體營運也一樣。對網路創作者來說，建立信任的最佳方式就是打在 IP 和品牌價值。比起冷冰冰的廣告，使用者更願意信任一個活生生的、與自己價值觀相符的人，這就是個人 IP 的魅力。

3. 快速變現

當信任問題解決以後，變現就會水到渠成。一個成功的個人 IP 可以幫助網路創作者節省很多溝通成本和信任成本，進行更直接、快速的變現。透過 IP 行銷，我們可以獲得一批高品

質、高黏著度的粉絲，這些粉絲轉化起來也相對簡單。總之，有了信任和知名度，無論你賣什麼東西，粉絲都願意買單。

4. 提升價值

為什麼蘋果的產品價格一再上漲，卻依然有一批忠實而狂熱的「果粉」願意排隊購買它的產品呢？這是因為蘋果的品牌價值很高，而且粉絲認同它的價值。這個道理放在 IP 上面也是一樣，如果你的 IP 打造得足夠成功，那麼你的個人品牌價值就會提升。

5. 提升社會影響力

如果網路創作者能打造出個人 IP，並持續產出有價值的內容，輸出自己的價值觀，那麼就會形成一定的社會影響力，成為某個領域內的 KOL。

每位網路創作者都可以透過寫作、製作短影片、直播、演講等方式打造個人 IP。在 5G 時代，IP 是自媒體領域的致勝法寶。

7.4.2　什麼是有價值的 IP

那麼什麼樣的 IP 才具有商業價值呢？在我看來具有下面這 5 大特徵的 IP 才是有價值的 IP。

第 7 章　5G 來臨，自媒體大神們該如何布局

1. 內容主動發酵

超級 IP 有一個顯著的特徵，就是有主動發酵的內容做支撐。像哆啦 A 夢、熊大、美少女戰士、鋼彈這些耳熟能詳的超級 IP，都是靠著優質的內容在江湖上「歷久不衰」。

相反，如果沒有主動發酵的內容，就沒辦法激發起客戶的好奇心，客戶就不會那麼心甘情願的去為你買單。

2. 差異化

在市場定位理論中，差異化的意思是在細分的領域中占據客戶心智。什麼意思呢？打個比方，當問到美國動漫，你可能首先想到的就是蜘蛛人和鋼鐵人；當問到新聞節目，你腦海裡可能第一個蹦出的就是某新聞臺的晚間新聞。其實這就是差異化。正是這種獨一無二的人格化特徵，才使這個 IP 得到客戶和粉絲的鍾愛。

未來，這種差異化會更加明顯，也越來越重要。

3. 衍生空間廣闊

超級 IP 要想持續走紅，必須有廣闊的衍生空間。舉個例子：《阿凡達》(*Avatar*) 和《星際大戰》(*Star Wars*) 同步上映的時候，前者的票房雖然超越後者。從票房上來看，好像阿凡達更勝一籌。但是就 IP 價值而言，星際大戰的可衍生性遠超

阿凡達。畢竟星際大戰的多部系列作不是白拍的，那一系列的小說、玩具、紀念品等，商業價值都超越阿凡達。

這個例子告訴我們，如果主動發酵是 1 的話，那麼可以持續被創作、價值翻倍的 IP 就是 1 之後的 0，讓價值倍數成長。

4. 主動關注

《名偵探柯南》從 1996 年推出到現在，一直在不斷地更新；《七龍珠》從開播到現在，也依然沒有缺席；那些滿載著 7、8 年級生獨家記憶的阿諾‧史瓦辛格（Arnold Schwarzenegger）、布魯斯‧威利（Bruce Willis）、周星馳等，一直在粉絲心中有著不可抹滅的印象。就算是時至今日，粉絲們仍然願意為了他們的演出買單。

出現這種現象不是偶然的，是粉絲對 IP 產生了割捨不開的感情，心甘情願為他付出，這就是我們說的「主動關注」。

5. 信用度

IP 在重新建立信任關係的社群連結上處於核心位置，地位舉足輕重。如果一個企業的 IP 成了大眾口中的話題，那這個企業就從單純的消費者印象中脫離了，演變成了一個真正可以分享的話題，更有甚者，成為了一種表達個人感情的方式。

第 7 章　5G 來臨，自媒體大神們該如何布局

IP 有很多，但真正有價值的卻不多。只有有商業價值的 IP 才能達到商業效益，這是一個不變的真理。

7.4.3 如何打造個人 IP

一般來說，打造個 IP 要經過內容定位、內容生產和推廣營利三個步驟。前面我提到過，5G 時代短影片將是一個巨大的浪潮，自媒體內容也將以短影片為主。接下來，我就以短影片為例，談一談如何打造個人 IP。

1. 做好內容定位

我們要找到自己擅長的領域，並作好垂直化的內容定位。打造清晰的內容定位，才可收穫穩定的粉絲。

我們做個人 IP 的第一步就是從找準內容定位開始的，因為內容定位關係著 IP 能否持續發展，能否存活。

2. 產出優質內容

做好內容是打造個人 IP 的基礎，沒有優質的內容，就無法吸引粉絲，IP 也就無法形成。

拍段影片入門很簡單，但是想要把影片拍得好看，還要下很多功夫。拍攝技巧、後期剪輯技巧、故事設計，場景選擇等環節都需要我們去學習和練習。

7.4　5G 時代，打造個人 IP 是關鍵

3. 推廣和變現

只要我們內容足夠優秀，就能獲得流量，因為任何影音平臺都會優先推薦優質的作品，有了一定的流量以後，短影片推廣和變現就會變得非常容易，屆時我們要做的就是精選合作的品牌和產品即可。

打造個人 IP 可以讓客戶和廣告主主動找上門，我們要做的只是從眾篩選出與自己內容相符的、與自己 IP 相相應的產品或品牌即可。我們還可以利用自己的的 IP 出一批衍生產品。利用短影片打造個人 IP 是一個非常好的變現手段，我們一定要抓住機會。短影片平臺有很多，我們可以選擇扎根在一個適合自己的平臺，建立自己的個人 IP。

5G 時代，自媒體行業將持續向前、大步跨越，會有更廣闊的前景，我們應該抓住機會建立個人 IP，然後坐享紅利。

第 7 章　5G 來臨，自媒體大神們該如何布局

7.5　5G 時代如何玩轉短影片

2017 年短影片開始竄起，2018 年短影片持續發酵，短影片成為內容創作中最大的一匹黑馬。只用了不到兩年時間，就吸引了大批觀眾跟創作者的投入。可以說，每分每秒都有新使用者在觀看短影片，其中有很多人藉助短影片實現了自己的網紅夢、電商夢。我們有理由相信，短影片將在 5G 時代續寫它的輝煌。

5G 時代到來後，短影片會成為一個重要的浪潮，影片的品質的形式會更加多樣化，短影片創業者應該抓住這個浪潮，利用影音平臺做好自己的短影片變現。那麼，在 5G 時代應該做好短影片營運呢？

7.5.1　5G 時代，短影片仍然以內容至上

影音產業是一個內容至上的世界，沒有優質內容，一切都是空談。這一點在 5G 時代依然會繼續延續下去，粉絲只會為優質的內容買單，內有優質內容，就算你長得再好看，再會行銷，粉絲也不會買帳。

網路上有許多樣貌出眾的美女和帥哥，他們憑藉著優越的外形條件虜獲了一大批粉絲，但也有人連臉都沒有露過，

7.5 5G 時代如何玩轉短影片

卻贏得大量的訂閱跟按讚數。不露臉卻爆紅的成功祕訣是什麼呢？答案就是內容。

不露臉網紅的成功說明了了內容的重要性，也就是「內容至上」這四個字。「內容至上」這四個字的字面意思很好理解，但是它的深刻內涵卻很少有人能真正明白。那麼，到底什麼是真正的「內容至上」呢？我認為內容至上的核心是「原創」和「垂直」。

在 5G 時代的影音平臺上，只有優質的原創內容才能生存，只有堅持做原創的帳號才能生存。優質內容必須是垂直化、專業化的，只有立足於垂直領域，用心服務目標粉絲群體，才能在影音平臺上獲得一席之地。

垂直化還意味著有調性，調性就是格調、風格，我們做影片內容創作必須要有自己的風格，因為風格是一個明顯的標籤，它能讓粉絲在多如牛毛的帳號海中一眼看見，並且能立刻知道我們的帳號是做什麼內容的。

不過，如果想要走得更遠，只有一兩個爆紅影片是遠遠不夠的，爆紅影片可以幫我們開啟知名度，只有持續生產優質內容才能讓我們持續獲得粉絲，保持知名度。所以，我們必須保證內容生產的持續性和穩定性。

能創作出優質內容的影音創作者，才具備真正的商業價值。因此，我們在經營影音帳號時，也要把內容作為核心重

點。不過,打磨優質內容是一個長期的過程,不可能一步登天,我們不應該急功近利,看到什麼熱門就做什麼。而是要進行長期的策略規劃,並堅持去執行。

7.5.2　充分滿足粉絲需求

滿足粉絲需求,是經營創作者帳號的根本,因為粉絲的需求是內容的生命。這個道理看似很簡單,但是很多人卻沒有真正弄清楚粉絲的需求到底是什麼,始終不知道粉絲真正想看的是什麼。粉絲想看優質有深度的內容,他們卻一味迎合潮流,拍一些惡搞影片;粉絲想看高品質的實用內容,他們卻只知道挪用和照抄。殊不知,這樣的影片市面上已經有太多,粉絲已經產生了審美疲勞。這種盲目迎合潮流、照搬照抄的影片,根本沒有辦法真正地滿足粉絲的需求。

以一個專門做生活相關主題的帳號為例,有成功的生活帳號以家庭主婦為目標族群,他們了解家庭主婦的需求,專門拍攝推薦家居生活好物以及實用生活技能的影片,獲得了幾十萬的忠實粉絲,並成功拓展電商業務。

那麼我們應該如何滿足粉絲需求呢?下面有幾個要點,希望能對大家有所幫助。

7.5 5G 時代如何玩轉短影片

1. 找到核心粉絲群體

如果經營帳號的人不知道自己的核心粉絲群體是誰，就不可能有針對性地去創作粉絲需要的內容。而且，粉絲也不知道這個帳號能為自己帶來什麼，進而選擇離開。前面的章節中我們講過帳號定位和粉絲定位，如果你還不清楚，可以回顧一下前面的相關內容。我們要記住，只有弄清楚核心粉絲是誰，才能進一步滿足他們的需求

2. 確認粉絲的哪些需求是必須被滿足的

我們要從粉絲的回饋中找到哪些真正的、必須被滿足的需求，那麼，如何尋找這樣的需求呢？我們應該考慮以下幾個問題：

A. 是否是大多數核心粉絲的需求？該需求是否緊急？是不是必要？

B. 該需求是否符合帳號的定位和風格？是否符合平臺的要求？是否符合相關法律和法規？是否符合創作者本人的價值觀？

C. 其他同類型的帳號是否滿足了類似的需求？是不是所有同類帳號都在做這類內容？如果大家都沒有做，原因是什麼？

D. 滿足這個需求的投入和回報是否成正比？做這個內容划不划算？

E. 帳號的經營者是否有能力去滿足這個需求？

考慮清楚了這些問題，相信你一定能找到那些真正的、迫切的需求。

3. 打造內容關鍵點，滿足大部分粉絲的需求

每個人的需求都是不一樣的，每個需求對應的人群數量也是不同的。這句話要怎麼理解呢？打個通俗的比方，一群顧客來到了一家餐廳，他們有的要吃甜粽子，有的要吃鹹粽子，但是由於種種原因，餐廳只能做一種口味。為了服務更多的顧客，餐廳老闆分別調查了喜好兩種口味的顧客各有多少人。他發現愛吃鹹粽子的顧客比愛吃甜粽子的顧客人數多。在這種情況下，餐廳老闆應該滿足那個群體的需求呢？答案是顯而易見的，如果我們想獲得較多的關注，我們當然要優先滿足人數多的群體，並根據他們的需求打造內容的核心點。

我們要記住，內容核心點所針對的族群必須占粉絲群體的大多數，滿足粉絲需求時，必須遵循「少數服從多數」的原則，要學會抓大放小，避免過度關注小眾市場而犧牲了主要商機。

4. 不斷創新,跟上粉絲需求的變化

時代在變化和發展,粉絲的需求也不可能一成不變,我們必須要跟上粉絲的腳步,不斷創新,才能滿足他們不斷變化的需求。在網路世界裡,停止創新,就意味著被拋棄。

粉絲的需求是內容的生命,也是創作者帳號的生命,我們在創作影片內容之前,一定要問問自己:「這是粉絲真正想要的嗎?」

7.5.3 把粉絲變成客戶

大多數人做短影片的最終目的只有一個,那就是變現。變現的關鍵是把粉絲轉化成客戶流量,簡單地說就是讓粉絲為我們的產品買單,成為我們的客戶。粉絲與客戶之間的距離說遠也不遠,說近也不近,如果我們能把粉絲變成客戶,就能輕鬆變現,獲得豐厚的盈利。如果我們不能把粉絲轉化為客戶,那麼再大的粉絲量也只是一個數字而已。

很多人做自媒體時,剛開始都做得風生水起,也累積了很多粉絲,可是慢慢地都「死」掉了,這就是沒有把粉絲變成客戶流量的結果。現在已經不是那個自媒體野蠻生長的時代了,一個優秀的內容創作帳號需要的不僅僅是粉絲量,而是內容生產能力和變現能力。

第 7 章　5G 來臨，自媒體大神們該如何布局

很多經營短影片的人都會陷入一個失誤，那就是把粉絲量、按讚量、轉發量、留言量、點閱率等數據資料作為營運目標和考核指標，在這種錯誤的指導思想下很多人會去買粉絲、買點閱率。在我看來買來的粉絲是沒有任何作用的，因為他們無法為我們帶來銷售轉化。

是不是粉絲量就不重要呢？當然不是，我們看重粉絲數量的同時也要注重粉絲品質。與其們每天關注「我的粉絲有多少？」，還不如考慮一下「我的目標粉絲有多少？」目標粉絲就是與我們帳號定位相符的粉絲。比如，我們經營一個美妝內容帳號，那麼我們的目標粉絲就是年輕女性，她們才是有可能轉化的、高品質的粉絲。

那麼，我們要怎樣把粉絲轉化為有價值的客戶流量呢？

我們可以從兩個方面做起，一是建立信任，二是提供價值。

建立信任就是要保持和粉絲的交流和互動，當粉絲選擇訂閱我們的帳號以後，一定希望獲得我們的積極回應。而我們在釋出影片和推廣產品後，也很需要粉絲的真實回饋，只有保持互動才有溝通和交流的機會，有了溝通和交流，才能建立起信任關係。

提供價值就是要關注粉絲的需求，並滿足他們，只有從我們這裡獲得他們想要的，粉絲才會選擇訂閱。如果我們能

7.5 5G 時代如何玩轉短影片

持續為粉絲提供價值,那麼我們與粉絲之間的黏著度就會不斷加強。有了黏著度和信任,粉絲轉變為客戶就是水到渠成的事了。

把粉絲變成客戶是自媒體變現的核心,吸引粉絲只是過程,讓粉絲掏錢買單才是最終目的。所以,我們千萬不要陶醉在粉絲數量的假相裡,而是要想一想這些粉絲能否轉化成為我們的客戶,真正掏錢買我們的產品。

事實上,5G 時代的短影片經營方法和現在並沒有什麼不同,我們只要做到以內容為導向,用心經營粉絲就能收穫自己想要的結果。5G 的到來,必然會掀起一波泛娛樂化內容的新浪潮,這對短影片達人們來說是一個不可多得的機會。

【焦點問答】

5G 時代,自媒體如何創新?

在 5G 時代,自媒體應該如何創新?這是大家都非常關心的問題。

我認為,你可以從線下場景入手來吸引觀眾視線。透過 5G 的高速傳輸,可以依照觀眾的需求進行針對特定族群的客製化內容直播。5G 時代的客製化直播,不是簡單地甩掉了攝影機線纜的問題,而是所有的攝影師都變成了在特定活動場

景的觀眾。可以試著安排多位不同的掌鏡人，他們可以在不同的機位，用自己不同的視角，來捕捉自己所喜歡的視角的影像。觀眾可以根據自己的喜好來選擇，並對該影片進行按讚、留言、分享等互動行為，如此可以進一步激勵更多人拍攝出更優質的影片。

我認為上文中提到的互動直播，將會是 5G 時代自媒體創新突破的一個破口。了解現場直播的人都知道，多機位現場拍攝並不難，難的是把每臺機器拍到的內容回傳編排。尤其是當每臺攝影機拍到的都是 4K 以上的超高畫質影片時，就更需要高品質網路傳輸的支援了。而 5G 時代的到來恰好可以解決這個問題。

5G 時代，自媒體創新的核心是內容和互動，而客製化直播則兼顧了兩者，我期待著客製化直播的早日成熟，也期待著客製化直播能為人們的休閒娛樂生活帶來更豐富的感受。

第 8 章
機會 VS 機遇，
如何抓住 5G 紅利賺取第一桶金

　　5G 是時代的來臨，對創業者來說是一個難得的機遇。5G 應用和相關技術的發展給了新創公司進入 5G 市場的機會，也為投資人帶來了新的投資機會。5G 與各行各業的融合不僅會帶來新市場，也會產生新職業，未來，人們會有更多的創業機會和擇業機會。

第 8 章 機會 VS 機遇，如何抓住 5G 紅利賺取第一桶金

8.1 5G 有哪些創業機會，怎麼借 5G 賺錢？

5G 特許執照已經發放，其商業化進程已經全面啟動。各行各業都將在 5G 的加持下迎來改革和創新。那麼，對於創業者和新創公司來說，5G 時代的機遇又在哪裡呢？換句話說，新創公司和個人應該怎樣藉 5G 賺錢呢？在本節中，我將為大家詳細分析 5G 的商業應用場景和 5G 時代的熱門產業，希望能對大家有所幫助。

8.1.1 5G 時代，新創公司的機遇在哪裡？

在分析 5G 商業應用場景之前，我們先來回顧一下 5G 的特色和優勢。5G 的頻寬是 4G 的 100 倍，延遲只有現在的 1/10，5G 網路每平方公里可以接入 100 萬個設備，具有高速率、低延遲、多設備的特點。最重要的是，5G 的基站可以做的小而密集，有利於進行提升網路的邊緣運算能力，資料可以在靠近終端的地方處理，邊緣運算的效率和安全性都要強於雲端運算。

基於這些技術特色和優勢，我列舉了 8 大 5G 商業應用場景，可以為新創公司提供一些參考。

8.1 5G 有哪些創業機會,怎麼借 5G 賺錢?

1. 5G 商業應用場景一:低延遲多人即時遊戲

低延遲的多人即時遊戲是未來遊戲市場的重要風向,未來,人們可以在進行線上遊戲時,將能夠體會到無延遲的即時互動體驗。

2. 5G 商業應用場景二:AR、VR、遊戲機無線式 All-in-One 裝置

未來,AR、VR、遊戲機都會做成無線的 All-in-One 整合式裝置,可以隨時隨地使用。在 5G 網路下,內容傳輸變得輕而易舉,內容不需要儲存在使用者設備,只需要透過串流方式傳輸即可,因此 AR、VR 設備不再需要很大的儲存空間,完全可以做成便於攜帶的整合式裝置。對新創企業來說,開發新型 AR、VR 設備是一個很好的發展方向。

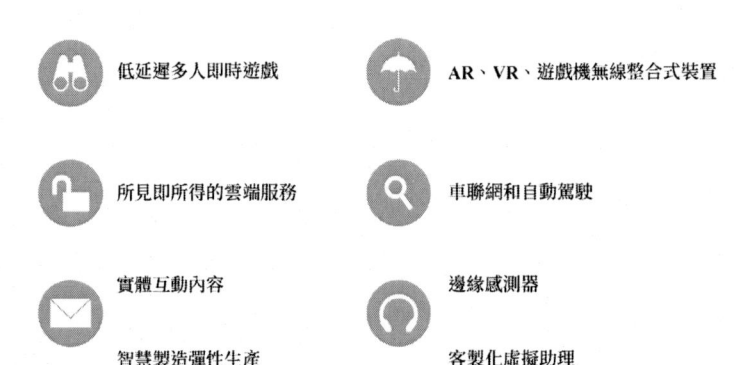

- 低延遲多人即時遊戲
- AR、VR、遊戲機無線整合式裝置
- 所見即所得的雲端服務
- 車聯網和自動駕駛
- 實體互動內容
- 邊緣感測器
- 智慧製造彈性生產
- 客製化虛擬助理

8 大 5G 商業應用場景

3. 5G 商業應用場景三：所見即所得的雲端服務

現在的雲端服務在使用者體驗方面還有很大的提升空間，比如串流的電影在播放時不夠流暢，而 5G 網路普及後，這種困擾就會完全消失。因此，未來的雲端服務可以做到「所見即所得」，雲端服務的市場也將更加廣闊。

4. 5G 商業應用場景四：車聯網和自動駕駛

5G 網路可以為終端智慧設備提供毫秒級的即時行動反應，這為車聯網和無人駕駛的發展提供了支撐。未來，車聯網和無人駕駛相關的硬體和軟體都會迅速發展，這對網路公司來說也是一個很好的機會。

5. 5G 商業應用場景五：實體互動內容

5G 時代，很多需要進行實體互動的內容都可以實現，比如餐飲連鎖店的實體菜單。新創公司可以開發與之相關的應用。

6. 5G 商業應用場景六：邊緣感測器

出於安全考慮，我們不得不在工廠、辦公室、家中安裝攝影機，這些攝影機雖然有監視的作用，但同時也存在隱私洩漏的隱患。但是，5G 帶來的邊緣感測器能夠把資料放在用戶端處理，不必上傳到雲端，這樣一來，隱私洩漏的風險就

大大降低了。我預測,邊緣感測器將有很大的需求,新創公司可以考慮抓住這個商機。

7. 5G 商業應用場景七:智慧製造彈性工廠

智慧彈性工廠的建置需要一整套解決方案,比如,智慧彈性工廠中的機器人排程就需要搭建 5G 區域網路來達成。當前工廠內的排程主要靠乙太網路和 Wi-Fi 來實現,但乙太網路無法讓機器人進行移動,而 Wi-Fi 不夠可靠,但以 5G 技術搭建的區域網能同時彌補兩者的不同。在智慧製造、彈性工廠的趨勢下,類似的解決方案將會有很大需求,新創企業可以考慮開展相關的企業的業務,為企業提供各種基於 5G 技術的整體解決方案。

8. 5G 商業應用場景八:客製化虛擬助理

目前蘋果手機和安卓手機都有語音助理,可以為使用者提供一些簡單的服務,比如照片歸類、應用程式安裝和解除安裝、系統設定、資料檢索等,但是這些服務太簡單,而且使用者體驗也不好。進入 5G 時代後,邊緣運算能夠為手機虛擬助理加持,讓它們的運算能力更強,智慧化程度更高,並為使用者提供更好的體驗。新創企業可以把目光放在虛擬助手的領域,因為未來的智慧終端不只手機,也許汽車上、智慧家具系統中都需要一個虛擬助手。

第 8 章　機會 VS 機遇，如何抓住 5G 紅利賺取第一桶金

以上是適合新創企業的八大 5G 商業應用場景，是新創公司可以考慮的未來發展方向。那麼，進入 5G 時代後，個人又應該怎樣選擇職業方向呢？

8.1.2　5G 時代，普通人可以從事哪些行業？

5G 時代到來後，屬於個人的機會也很多，特別是專業型、知識型人才，可供選擇的產業就更多了。我認為，在 5G 時代，適合普通人就業或創業的產業主要有四個，分別是 VR 產業、物聯網產業、智慧家庭產業和自媒體產業。

1. VR 行業

在 4G 時代。VR 行業就已經成為了新興產業，但是受 4G 網路的資料傳輸速度和頻寬限制，整個產業還有很大的的發展空間。5G 時代到來後，VR 行業將進入快速發現階段。

隨著 VR 技術的發現，人們對 VR 的需求會越來越強烈。也許到未來某一天，我們可以看 3D 立體電視、玩 3D 立體遊戲，進行 3D 全像投影通話，完全做到「身臨其境」。VR 行業的未來不可限量，在這個行業裡有很多機會，普通創業者和就業者都可以從中找到不少機會。

2. 物聯網產業

5G 全面普及後，物聯網的發展將不再受技術限制，物聯網在生活、商業和工業方面的應用也會越來越多。比如，物聯網可以讓家中的冷氣、洗衣機、洗碗機、電視、瓦斯爐、燈具、窗簾、掃地機器人等串聯起來，並實現智慧化，為生活提供更多便利。再比如，工業物聯網的建立可以實現生產、運輸、運輸、銷售、售後服務等環節全程智慧監測、智慧回饋，以提升生產效率。

物聯網及到很多產業，因此有很多不同的職業可供選擇，無論是工業、農業，或者是服務業都需要物聯網人才。

3. 智慧家庭產業

目前的智慧家庭還不夠「智慧」，未來還有很大的發展空間。真正的的智慧家庭是基於物聯網和人工智慧等先進技術發展起來的，它可以讓所有的家電實現互聯互通，形成一個智慧的居家生活系統，幫助人們處理很多生活瑣事，讓生活更加便捷而美好。

在 5G 時代，智慧家庭是最被看好的產業之一，因為受現階段技術水準限制，基於物聯網智慧家庭市場尚未發展完成。而且，相對其他行業，智慧家庭的門檻較低，成本較低，比較適合個人創業者加入。

第 8 章　機會 VS 機遇，如何抓住 5G 紅利賺取第一桶金

4. 短影片產業

在前文中，我提到過短影片在 5G 時代將成為一個新的商機。因為 5G 網路可以讓短影片的傳播速度更快，內容更豐富。影片將進一步取代圖文內容，成為人們表達自我的的形式。對個人創業者來說，短影片產業是個不錯的選擇，因為短影片的營運方法已經比較成熟了，而且拍攝短影片的門檻也較低。

5G 時代的到來，會對各行各業帶來新鮮空氣，會加速產業的勝利。與此同時，一些過時的產品和服務也會遭到淘汰，市場上就會出現一些空白，這對創業者和求職者來說都是一個很好的機遇，創業者可以選擇最最有前景的項目，求職者可以選擇最有潛力的行業和企業。

無論在哪個時代，機遇都只留給有準備的人，想要時代的跟風者，不僅要有能力和魄力，更要有十分眼光，希望廣大創業者能夠在 5G 時代找到屬於自己的機會。

8.2　5G 時代的三大投資機會

進入 5G 時代，不僅創業者和企業在尋找機遇，投資者也在尋找那隻「金雞母」。在這一節中，我將為大家介紹 5G 時代的三大投資機會，它們分別是：設備需求、邊緣運算、使用者區分和資訊安全。

8.2.1　投資機會一：設備需求

未來 5G 會採用不同的頻段來實現不同的頻段需求，因此在 5G 設備方面，尤其是基站建設方面出現了很大的投資機會。

首先可以考慮投資基地臺，為什麼呢？因為相比 4G，5G 的頻段較高，其繞射效果能力也比較弱，所以 5G 訊號的傳輸距離沒有 4G 那麼遠，抗干擾能力也比較差。所以，未來 5G 基地臺數目肯定會比 4G 基站多，5G 基地臺建設需求會非常大，投資基地臺是一個不錯的選擇。

其次，我們可以投資核心設備，因為 5G 基地臺的增加勢必會導致主設備投入加大。而且，隨著技術的提升，5G 基地臺單基站的價格肯定會大幅上漲，相應地，核心設備的市場規模也會隨之擴大。

第 8 章　機會 VS 機遇，如何抓住 5G 紅利賺取第一桶金

最後，我們可以投資天線，因為 5G 天線與 4G 天線的規格有很大不同。了解通訊知識的人天線的長度是波長的 1/4，由於 5G 的頻段高、波長短，所以其天線長度也比 4G 天線短。這樣一來，在相同面積的面板上，就可以承載更多的天線。而且，5G 天線將從過去的 4 通道增加到 64 通道，我預計 5G 到來後，天線的市場規模將會擴大。

此外，當天線變為 64 通道後，相應的射頻元件、濾波器、功率放大器、接收器等的數量也會增加，這些新增的設備也是很好的投資機會。

總而言之，5G 的到來意味著網路基礎建設需要重新建置或者擴大規模，那麼與之相關的需求就會產生，投資機會自然就來了。

8.2.2　投資機會二：邊緣運算

邊緣運算是 5G 時代的一個重要發展方向，在前文中，我曾介紹過邊緣運算的特色，它能在終端或靠近終端的地方進行運算，可以加快回饋速度，以滿足 5G 應用的低延遲、高速率要求。因此，在未來的資料處理領域會出現很多不同的終端計算晶片產品。

集中式的雲端運算在 5G 時代已經不是首選，目前，網

路資料中心的建置已經趨於飽和，雲端運算能力也基本能夠滿足市場需求，因此雲端運算服務的市場已經不會再出現大規模成長。未來，「雲端運算＋邊緣運算」將成為主流。邊緣運算所帶來的投資機會也將遠遠大於大於雲端運算帶來的投資機會。

8.2.3 投資機會三：使用者區分和資訊安全

近年來，OTT 服務（指網路公司越過電信業者，發展基於開放網路的各種影片及資訊服務業務）的出現，嚴重挫傷了電信業者在語音、簡訊等業務上的盈利。再加上對網路速度的要求提升與資費的削價競爭，電信業者在 5G 投入使用後的最初幾年內，將會出現收入增加、毛利降低的現象。為了應對這種現象，電信業者會採取差異化收費的策略，比如語音通訊業務的流量費高，而普通資訊業務的流量費低，這樣可以減少減少 OTT 業務對電信業者的衝擊。

不過，電信業者在智慧工業、智慧醫療等重資產領域占據更大的優勢，在面對產業客戶時，電信業者的盈利方式將從收取流量費轉向營運平臺、提供解決方案，這種轉變提升了電信業者盈利的可能性。

5G 為電信業者帶來了新的業務機會，也為很多其他公司

第 8 章　機會 VS 機遇，如何抓住 5G 紅利賺取第一桶金

帶來了契機。5G 的發展，可以帶動設備、運算能力、資訊安全等方面的更新，相關產業鏈上的企業也可以從中受益。而投資人也需要在這一切變化之前，察覺風向、贏得先機。

8.3 AI 再思考：資料標註師將成為 5G 時代最大量的雇員

目前人工智慧正在不斷地改變著我們的生活，其應用場景會伴隨著 5G 的發展而不斷開拓。不過，你一定想不到，在人工智慧產業高速發展的同時，一個新興職業——資料標註師，正逐漸走入人們的視野。近幾年，資料標註師的從業人數不斷壯大，在這個行業中甚至流傳著這樣一句話：「有多少智慧就有多少人工。」這句話看起來十分矛盾，但它卻說明了一個事實：目前的人工智慧演算法可以學習的資料必須透過人工來逐一標註，這需要大量的人力。

從事資料的分類和標註工作，讓人工智慧可以快速學習和認知資訊。可以說，每個資料標記師就都是一名「AI 培育師」。

8.3.1 資料標註師：人工智慧背後的人工

AI 資料標註師又被稱作「人工智慧背後的人工」。在當前發展階段，人工智慧又叫做機器智慧，神經網路的層數越多，需要用於學習的資料量越大。比如，目前的人臉辨識系

第 8 章　機會 VS 機遇，如何抓住 5G 紅利賺取第一桶金

統中，中青年人群辨識做得最好，因為中青年人群的資料量最大，而老人和孩子的資料相對較少。

不過，對於機器的深度學習來說，只有資料是沒有用的，必須為資料加上標記才能使機器的學習不斷進化。而資料標註最基本的操作就是框選，假設需要檢測的對象是車輛，那麼資料標註師就要把一張圖上所有的車輛都標註出來，也就是要為所有的車進行框選，而且框選要準確包含車的完整範圍，否則機器就可能「學錯」。檢測人的姿態辨識時，對資料標註的要求就更高了，因為人的姿態中包含 18 個關鍵點，只有經過專業培訓的資料標註師才能完成這些關鍵資料點的標註，並且保證資料符合機器學習的標準。

不同類型的資料對資料標註師的要求也是不一樣的，有的資料標註工作比較簡單，一般人經過培訓後就可以完成。但是有些資料標註工作則需要專業知識。比如，在醫療資料的標註中，標註師要對醫學影像進行分割，標註出腫瘤區、病變區等，像這樣的資料標註工作必須要能看懂醫學影像的專業人士才能完成。還有一些語文類的資料，也需要掌握這門語言的標註師才能進行標註。

隨著人工智慧產業的發展，機器學習需要用到的資料量也越來越大，許多專門的資料標註公司也因應而生。一般的資料標記公司都以網路平臺的形式運作，它們接到任務後就

8.3 AI 再思考：資料標註師將成為 5G 時代最大量的雇員

透過網路找人來做，有意向的人報名後，公司再派負責人對報名的資料標註師進行統一培訓，然後標註師們分別領取自己的任務。當任務完成並經由公司檢驗合格後，資料標註師們就可以領取報酬了，如果任務不合格，就需要重新修正。

很多知名網路企業都擁有自己的資料標註公司。資料標註行業之所以能夠迅速發展起來，是因為現階段人工智慧對資料的需求非常大，資料越多越豐富、代表性越強、模型效果越好，演算法的穩健性（在異常和危險情況下，系統的生存能力）就越強。

有趣的是，雖然目前大部分人工智慧公司都尚未開始盈利，但標註公司卻賺的盆滿缽豐。在現階段，無人零售、無人駕駛等看起來「無人」的行業往往需要大量的人力，人工智慧的背後也需要大量的人工。有人說，資料標註師新時代的勞動密集型產業，我很認同這種看法，很多先進國家為了降低人工成本，選擇把資料標註工作放在開發中國家來完成（隱私資料除外），印度、泰國、馬來西亞、越南等國都有資料標註公司。

目前，人工智慧的發展才剛剛起步，很多工作都離不開人力的輔助，資料標註這個行業也因此而誕生。雖然資料標註師一份比較機械化、重複、大勞動量的工作，但它的存在具有非常重要的價值。首先，資料標註能夠推動人工智慧產

業的發展,其次,資料標註產業能夠提供很多就業機會,甚至可以帶動貧困地區的經濟發展。

8.3.2　資料標註這項工作會一直存在

由於缺乏理論上的突破性技術,目前的人工智慧產業雖然技術成長速度很快,但整體水準仍然較低。目前的機器深度學習還是要依賴大數據模型,而且大數據對資訊的品質的要求也比較高,不僅要多還要分布平衡。所以,在人工智慧形成自己的知識圖譜,學會推理和思考,並能夠自我學習之前,資料標註這個職業會一直存在。

當前的人工智慧產業呈現出了細分化、多模態、專業化的特徵。面向人工智慧的資訊服務行業,也會產生新的變化。未來的資料標註行業也會隨著人工智慧產業一同進入細分市場。

目前的人工智慧具有多模態特徵,多模態就是對多元時間、空間、環境資訊的感測與融合。比如,自動駕駛需要雷達、感測器和攝影機,才能行駛得更安全穩當。資訊服務企業也需要適應人工智慧技術發展的多模態特徵,讓自己具備多元感測器融合的資訊採集與標註能力。

最後,資訊服務企業要在前端場景中不斷探索,才能跟

8.3 AI 再思考：資料標註師將成為 5G 時代最大量的雇員

上人工智慧產業的發展，並在競爭中獲得一席之地。

目前大多數資料標註公司採取得薪酬方式都是「計件計酬」模式，資料標註師可獲得的報酬與任務量和難度直接相關，熟練的資料標註師一天就能標註幾千張圖片。資料標註工作具有一定專業性，只有經過培訓才知道應該怎麼標，認真細心也是資料標註師必備的特質。每天都有巨量的資料誕生，對資料標註的需求也在不斷增加，未來還會有更多人從事這項工作。而且，越來越多人工智慧企業會選擇把資料標註訂單輸送到經濟落後地區，這樣做一來可以降低人力成本，二來可以為貧困地區提供更多就業機會。

第 8 章　機會 VS 機遇，如何抓住 5G 紅利賺取第一桶金

8.4　哪些產業能賺到 5G 的第一桶金

目前，5G 是網路上最熱門的話題之一，除了 5G 的資費以外，大家最關心的問題，就是哪些產業會在 5G 時代賺到第一桶金。

我認為，首先嘗到「甜頭」的一定是手機廠商這樣的終端企業，因為大家都想體驗一下 5G 網路，所以手機市場上必定會迎來一波「換機潮」。但是，手機行業的 5G 銷退得會很快，能否持續盈利，還是要看商業模式。有好的商業模式，才能在 5G 時代成功盈利。

假設，有一個團隊開發了一個遠距即時急救平臺，這個平臺可以讓救護車與醫院建立遠距連線，第一時間收集患者資訊，為患者爭取救治時間。一般情況下，救護車入院後要經過驗血、斷層掃描、急救診斷等環節，如果這些環節能在急救車中同步完成，患者入院後就可以直接治療。這其中的時間差，對有些危急的患者來說，就是生與死的差別。

比如，一位老先生在晨間運動時突然昏迷，救護車接到 119 救護中心的指派後立即趕往現場。患者進入救護車後，急救人員會第一時間收集患者的個人資訊、病史、脈搏、心跳、血壓等資訊，並即時傳輸到醫院的遠距急救後臺。醫

生會透過 VR 設備觀察救護車內患者的情況，並實施遠距診斷，甚至進行遠距微創手術。

那麼，這個計畫是好還是不好呢？很多人看好這個計畫，因為它是一個移動中的應用場景，運用到了 5G 和物聯網、VR 等技術，在 5G 時代很有發展前景。但是，也有人對這個計畫持保留態度，因為 5G 的應用是建立在基礎網路覆蓋上的，而這個看起來很美的計畫，存在著網路不穩的風險。如果這臺搭載了遠距即時急救平臺的救護車在半路上訊號不良，那病人的情況就危險了。所以類似遠距即時急救平臺的計畫不會在短時間內走入我們的生活，這類產業也不會在 5G 時代的初期實現盈利。

透過上述案例的分析，我們可以得出一個結論，產業應用類的計畫不會在 5G 時代淘到第一桶金，因為這類計畫要在 5G 基礎設施建立完畢後，才能全面發展。因此，能在 5G 時代淘到第一桶金的一定是與網路基礎設施建設相關的行業和企業。

那麼，具體有哪些產業，可以在 5G 初期賺到第一桶金呢？

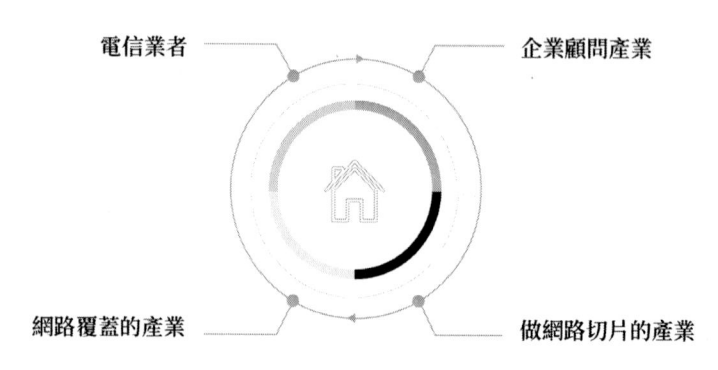

第 8 章　機會 VS 機遇，如何抓住 5G 紅利賺取第一桶金

電信業者　　　　　　　企業顧問產業

網路覆蓋的產業　　　　做網路切片的產業

5G 時代能賺到第一桶金的行業

第一類當然是電信業者，當 5G 網路投入使用後，無論什麼樣的應用都需要傳輸，電信業者靠販售流量就可以賺到 5G 時代的第一桶金。

第二類是做網路覆蓋的行業，由於 5G 的頻率較高，所以即使在基地臺密度比較高的情況下，也很容易出現網路覆蓋死角，比如室內、工廠內、電梯內等地方都有可能遇到收不到 5G 訊號的問題。因此，我們就做室內訊號覆蓋的企業，而這批企業也會在 5G 時代初期賺到錢。

第三類是做網路切片的行業。前文中我們已經介紹過網路切片，在這裡就不再贅述了。說白了，網路切片服務就是根據不同業務的網路需求，提供端對端的服務。網路切片服務實際是一種動態網路能力的加持，它可以形成差異化的盈利模式，比如繳的錢越多，速度就越快，繳的錢越少，速度

就越慢等等，這種盈利模式肯定能夠賺到錢。

第四類是企業顧問產業。5G 時代，各行各業是比都會推出相關應用，但是產業與產業之間千差萬別，所以我們需要對產業或企業進行描繪和諮詢。在 5G 時代，to B 業務將擁有巨大潛力，商店、企業、產業都需要 5G 應用或解決方案，因此產業顧問或企業顧問公司將大行其道。

第五類是針對產業應用的虛擬通訊服務業者。虛擬通訊服務業者又可以稱為通訊業務經銷商，過去這類虛擬通訊服務業者或經銷商都是針對個人業務的，比如服務業者會給經銷商 170 個手機門號，經銷商再把號碼賣出去。未來，這些通訊服務經銷商的客戶可能會變成企業或者行業客戶，他們從服務業者那裡承接某項業務後，再針對不同的產業或企業提供服務。

第六類是大型資料中心，大型資料中心的盈利會從 5G 的發展的初期持續下去，產生巨大的經濟效益。資料是一種寶貴資源，我們可以透過各類技術對資料進行深度挖掘，並將資料應用於各個領域。

而且，隨著 5G 的網路的建成和投入商用，各行各業的數位化、智慧化轉型步伐將進一步加快，高品質資料會成為必需品，因此大資料中心會成為一個非常有潛力、有精力價值的行業。

第 8 章　機會 VS 機遇，如何抓住 5G 紅利賺取第一桶金

在 5G 時代，各行各業都有自己的發展機會，只要順應時代潮流，擁抱科技創新，就能獲得經濟回報。

【焦點問答】

5G 時代，對未來職業有哪些影響

對於 5G 時代的到來，普通上班族最關心的問題是：5G 時代的到來，對未來職業有哪些影響？在本節中，我將從網路發展的角度來為大家解答這個問題。

網路的發展，為人類的經濟生活帶來了前所未有的鉅變。從職業角度來看，網路造就的虛擬世界讓人們的職業身分變得更加豐富了。在網路世界中，每個人都可以擁有另一重職業身分。

比如，現實中的 IT 技術人員，在網路上有可能是一位網拍店長；現實生活中的銀行行員，在網路上有可能是一位網路小說作者；現實生活中的化妝師，在網路上有可能是一位美妝 KOL 或網紅。每一個網路上的虛擬職業都可以為人們帶來新的社交圈和額外的收入。

在這種背景下，每個人都有可能成為斜槓青年，而 5G 技術的發展會讓這種趨勢變得更為明顯。因為 5G 網路帶來的即時互動和萬物互聯能力，會讓很多過去門檻較高的職業

變得十分大眾化。比如我們每個人都可以透過募資平臺投資自己感興趣的專案項目，成為一名投資人；或者利用新創平臺成為一名產品設計師；也可以透過線上教育平臺將自己的專業知識分享出去，成為一名講師或培訓師。

未來，我們每個人都將不再局限於單一的職業和身分，而是若干個職業組合而成的複合式職業身分。這是網路經濟時代的趨勢，也是 5G 影響下，未來職業的第一種變化。

5G 對職業的第二個影響是職業分工進一步細化和專業化。熟悉世界經濟史的朋友應該知道，人類歷史上每一次生產力的重大發展，都伴隨著分工體系的進化。因為，分工能有效提升生產效率、解放生產力，甚至改變生產關係。最重要的是，為了讓各個分工環節更有效地合作與配合，人們就要發展資訊科技，為各個環節提供更好的連結方式。反過來，資訊科技和網路技術的發展也能進一步促進工作的細化。

5G 恰好是促進連結的技術，它將最大限度地實現人與人、人與物、物與物之間的連結。在這種強而有力的連結中，市場資訊將被高速傳播，社會資源也將得到最有效率的配置。所以，5G 將進一步改造傳統分工產業鏈。未來的分工將不僅僅是簡單的上下游合作，還會實現橫向分工，即資本與產品服務維度的分工。

第 8 章　機會 VS 機遇，如何抓住 5G 紅利賺取第一桶金

在這種背景下，企業可以實行分包制度，將不同的生產模組分包給各個專業化的合作夥伴，共同完成生產，這樣一來，那些擁有一技之長的專業人員和團隊就有了更多的就業機會。他們不需要長期待在一家公司，而是可以憑藉自己的專業技能與更多的合作方談合作。分工的更新，讓每個人都可以跳出單一的工作和固定的公司，找到更多的價值變現管道。

5G 對職業的第三個影響是專業化的、細分的、小眾的市場將進一步被啟用，中小企業和使用者的話語權將大大提升，他們將透過專業化的經營來獲得更多的收益。細分市場會催生出更多的新職業，比如現在已經出現的網路直播主、電商購物專家、電子商務規劃師、電競選手等。未來，還會出現更多我們想像不到的新興職業。

5G 強大的連結作用，可以讓每個脫離龐大組織的獨立單位和個人與原有產業鏈上的其他獨立經濟單位建立連結，實現互動。因此，5G 時代到來後，我們會看到更多的人走出公司和辦公室，用更靈活的方式就業。他們可以為任何有需求的企業和個人提供服務，並具備多重職業身分。所以，如果你想在 5G 時代獲得更好的職業發展，就要讓自己成為一個斜槓青年！

還有一個問題也是大家非常關心的，那就是人工智慧會剝奪人們的工作機會嗎？

8.4 哪些產業能賺到 5G 的第一桶金

5G 技術全面普及後，人工智慧技術將得到極大的發展，很多人擔心人工智慧會取代工人和職員，奪走人們的飯碗。

事實上，這種假設是缺乏經濟學依據的，而且這種情況根本不會發生。試想一下，如果人們都失業了，那麼人工智慧和機器人生產出來的產品由誰來消費呢？歷史已經向我們證明，生產力的進步會帶來生產效率的提升和勞動力的解放。比如蒸汽機剛出現時，一臺機器就可以頂替十幾名工匠，雖然有部分工人失業，但是那些能操作機器的工人的薪資上漲了近十倍。那麼，那些失業的工人去哪了呢？他們流向了服務業，也就是娛樂休閒、旅遊度假、餐飲服務等產業。

生產效率的提升讓從業人員有了更多的金錢和空閒時間，他們會把時間和金錢花費在娛樂和休閒上，服務業因此而興起，並為人們提供了更多的工作機會。由此可見，生產力的革命帶來的並不是大規模失業，而是勞動力的轉移和收入來源的重新分配。

所以，我們大可不必擔心未來沒有工作做，只要能跟上時代的發展方向，把握機會提升自己，就一定能在 5G 時代裡找到理想的職業發展方向。有人說：「個人的命運不僅僅依靠自己的奮鬥，還要考慮歷史的進程。」5G，就是歷史給予我們的機會。抓住它，然後順勢而為，說不定就能成就一番事業！

國家圖書館出版品預行編目資料

5G 全接觸，萬物互聯新視界：高速率 × 低延遲 × 大容量，科技創新與數位經濟的顛覆性力量 / 張毅剛 著 . -- 第一版 . -- 臺北市：沐燁文化事業有限公司，2024.12
面；　公分
POD 版
ISBN 978-626-7628-00-3(平裝)
1.CST: 無線電通訊 2.CST: 技術發展 3.CST: 商業管理 4.CST: 產業發展
448.82　　　　　　　113017928

電子書購買

爽讀 APP

5G 全接觸，萬物互聯新視界：高速率 × 低延遲 × 大容量，科技創新與數位經濟的顛覆性力量

臉書

作　　者：張毅剛
發 行 人：黃振庭
出 版 者：沐燁文化事業有限公司
發 行 者：沐燁文化事業有限公司
E - m a i l：sonbookservice@gmail.com
粉 絲 頁：https://www.facebook.com/sonbookss/
網　　址：https://sonbook.net/
地　　址：台北市中正區重慶南路一段 61 號 8 樓
8F., No.61, Sec. 1, Chongqing S. Rd., Zhongzheng Dist., Taipei City 100, Taiwan
電　　話：(02) 2370-3310　傳　真：(02) 2388-1990
印　　刷：京峯數位服務有限公司
律師顧問：廣華律師事務所 張珮琦律師

-版權聲明-

本書版權為文海容舟文化藝術有限公司所有授權崧博出版事業有限公司獨家發行電子書及繁體書繁體字版。若有其他相關權利及授權需求請與本公司聯繫。
未經書面許可，不得複製、發行。

定　　價：350 元
發行日期：2024 年 12 月第一版
◎本書以 POD 印製
Design Assets from Freepik.com